Photoshop

数码照片
实用润色技法

锐艺视觉 ／ 编著

中国青年出版社
中国青年电子出版社
http://www.21books.com http://www.cgchina.com
中青雄狮

律师声明

北京市邦信阳律师事务所谢青律师代表中国青年出版社郑重声明：本书由著作权人授权中国青年出版社独家出版发行。未经版权所有人和中国青年出版社书面许可，任何组织机构、个人不得以任何形式擅自复制、改编或传播本书全部或部分内容。凡有侵权行为，必须承担法律责任。中国青年出版社将配合版权执法机关大力打击盗印、盗版等任何形式的侵权行为。敬请广大读者协助举报，对经查实的侵权案件给予举报人重奖。

侵权举报电话：

全国"扫黄打非"工作小组办公室　　　　中国青年出版社

010-65233456　65212870　　　　　　010-59521255

http://www.shdf.gov.cn　　　　　　　　E-mail: law@cypmedia.com　MSN: chen_wenshi@hotmail.com

图书在版编目（CIP）数据

Photoshop数码照片实用润色技法 / 锐艺视觉编著. －北京：中国青年出版社，2009.6

ISBN 978-7-5006-8755-9

I.P ...　II.锐 ...　III.图形软件，Photoshop　IV. TP391.41

中国版本图书馆CIP数据核字（2009）第 066087 号

Photoshop数码照片实用润色技法

锐艺视觉　编著

出版发行：　中国青年出版社

地　　址：　北京市东四十二条21号

邮政编码：　100708

电　　话：　（010）59521188 / 59521189

传　　真：　（010）59521111

企　　划：　中青雄狮数码传媒科技有限公司

责任编辑：　肖　辉　王丽锋　郑　荃

封面设计：　辛　欣

印　　刷：　山东新华印刷厂德州厂

开　　本：　787×1092　1/16

印　　张：　16

版　　次：　2009年6月北京第1版

印　　次：　2009年6月第1次印刷

书　　号：　ISBN 978-7-5006-8755-9

定　　价：　58.00元（附赠1DVD）

本书如有印装质量等问题，请与本社联系　电话：（010）59521188 / 59521189

读者来信：reader@cypmedia.com

如有其他问题请访问我们的网站：www.21books.com

数码相机的普及使我们可以随时随地、方便快捷地记录生活的美好瞬间，但想要获得好的图像效果除了专业的摄影技术外，运用后期制作软件对图像进行修饰与润色也是十分必要的。Photoshop作为图像处理领域功能强大的一款软件则可以轻松地完成数码照片后期润色的工作。对于照片中的偏色、曝光不足、曝光过度等缺憾都可以在Photoshop中进行校正和调整，同时对于我们想要表现的色调风格也可以通过在Photoshop中的调整而得到。

从易到难使您思路清晰

本书分为三个部分，第一部分主要讲解了色彩与色调的基础知识，方便您更加全面地理解色彩，为后面的照片调整打下坚实的基础；第二部分主要介绍了人像照片的润色技法，以五种不同风格的人像照片为例进行实际操作，为调出高质量的人像照片提供借鉴与参考；第三部分主要介绍了风景及静物照片的润色技法，以四种不同风格的静物及风景照片为例进行实际操作，引导您调出色彩绚丽、内容丰富、表现不同意境的风景照片。

40个精彩实例让您成为照片润色的行家

本书力求将Photoshop的调色知识最大程度地简单化，精心挑选了40个蕴含丰富技巧的实例，从对数码照片最基本的编辑技巧入手，到利用色阶、曲线、蒙版、色相/饱和度、亮度/对比度、滤镜等命令进行调色的高级应用，再到照片意境的艺术表现，书中都有详细的讲解。同时书中也列举了大量的精确参数，均可供您在实际应用中作为参考。本书采用从易到难、从理论到实践的方式引导您成为照片润色的行家。

前 言

本书值得思考的地方

色彩是数码照片最重要的构成元素之一，它可以决定一张照片的意境、氛围、表达的情绪和视觉感受。看似随心所欲的画面色彩其实都是有规律可循的，无论我们期望以何种色调风格来表达作品，只要对色彩有一定的了解都可以轻松实现。想要调出出色的照片，请在参考本书实践经验的基础上多加练习，从中摸索和总结各种技巧，体验数码照片调整与润色带来的快乐。衷心希望本书能够成为您的良师益友，通过对本书的学习，会让您在面对任何人像或风景照片的时候都能对后期处理有一个清晰的思路，从而调出满意的艺术效果。

本书光盘说明

随书赠送的光盘中提供了书中所涉及的40个实例的源文件和最终效果图，可以供您在学习时实际操作练习，也方便您对完成后的效果进行比对参考。同时还附赠了60套数码照片的调色动作，方便您快速调整出所需的色调效果。

感谢所有在本书出版过程中提供支持和帮助的朋友，由于写作时间仓促，疏漏之处在所难免，望广大读者给予批评指正。

作 者

目录

Contents

第1篇
色彩与色调的基础知识

目 录

第 2 篇
人像照片的润色技法

第 3 篇
静物及风景照片的润色技法

第1篇
色彩与色调的基础知识

　　色彩在数码照片中起着非常重要的作用。我们要对数码照片进行润色，首先需要了解色彩的基本理论。本篇结合一些图片介绍了色彩和色调的基础知识。其中包括色彩与色调的基础知识、色彩与现实生活的联系、光对数码照片的影响以及数码照片的不同色调风格。

第1章

色彩与现实生活的联系

　　色彩源于大自然，大自然中的色彩带给人们无尽的遐想。自然或人工色料的使用，使我们的生活更加丰富多彩。色彩使宇宙万物充满情感、生机勃勃，它作为最普遍的一种视觉元素，广泛地存在于衣、食、住、行等行业中，所以我们也时刻与色彩发生着密切的联系。

色彩的基础知识

什么是色彩？这是学习色彩知识首先需要了解的问题。色彩是色与彩的全称，色是感觉色和知觉色的总称，是被分解的光进入人眼并传至大脑而产生的感觉，是光、物、眼、脑的综合产物；而彩则是多色的意思。彩更大程度上包含着知觉的要素，与知觉相联系。

没有光就没有色彩，平时我们认识色彩的时候，并不是在看物体本身的色彩，而是将物体反射的光以色彩的形式感知。

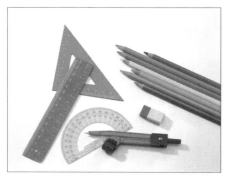

光的存在使人们看到五颜六色的物体　　　　色彩的感知

在黑暗中，我们看不到周围物体的形状和颜色，这是因为没有光线。如果在光线很好的情况下看不清色彩，这可能是因为视觉器官不正常，或眼睛过度疲劳引起的。

在同一种光线条件下，我们可能会看到同一种物体具有不同的色彩，这是因为物体表面吸收与反射光的能力不同，反射光不同，眼睛就会看到不同的色彩。因此，色彩的发生，是光对人的视觉器官和大脑发生作用的结果，是一种视觉感应。

色彩不仅由物体本身的特性决定，而且还受时间、空间以及物体外表状态和周围环境的影响。同时色彩还与每个人的视觉敏锐度、记忆等因素有关系。

没有光线色彩感减弱　　　　　　　　逆光下的物体色彩感减弱

色彩源于自然，具有奇妙的影响力，在潜移默化中影响着人们的情绪。不同的色彩，带给人不同的感受，使我们的生活更加多姿多彩。人们的生活离不开色彩，合理地使用色彩，可以扩大创作的想象空间，赋予创作新的活力。

光与色

　　光在物理学上是一种电磁波。只有波长在 0.39~0.77 微米之间的电磁波，才能被人眼感知。因此，这个范围波长的光称为可见光。

　　光是以波动的形式进行直线传播的，具有波长和振幅两个物理特征。不同的波长产生色相的差别，不同的振幅则产生同一色相明暗的差别。

强烈光线下的物体　　　　　　　漫射光线下的色彩

　　光在传播时会发生直射、反射、透射、漫射、折射等多种现象。当光源照射物体时，物体的表面将光反射出来，这时人眼感受到的是物体表面的色彩。当光遇到玻璃之类的透明物体时，人眼看到的便是透过物体的穿透色。光在传播过程中受到物体的干扰会产生漫射，漫射对物体表面的色彩有一定的影响。当遇到不同介质时，光的传播方向发生变化，称为折射。折射时，人眼感受到的色光与物体色相同。

　　没有光我们就看不到物体，也就感受不到色彩。我们在认识色彩的时候，其实并不是在看物体本身的色彩，而是将物体反射的光以色彩的形式感知。

　　太阳光是无色的直线前进的放射能，当光线遭遇到某一物体时，就会改变前进的方向发生折射，从而产生色彩。

色彩三要素的基本关系

　　大千世界丰富多彩，要正确地理解和运用色彩，首先要掌握色彩的基本原理。最基础的是要掌握色彩三要素之间的基本关系。

　　色彩三要素基本关系是指配色中各色彩之间明度、纯度、色相的协调。说起来轻松，但想要从众多色彩中搭配出品味出众的配色还是比较困难的。

　　色相用来表现赤、蓝、绿等有彩色的色彩特征，明度表示色彩的明暗强度，纯度则表现色彩的鲜艳程度，这三者构成色彩的三要素。色彩三要素的细微变化都会对色彩产生影响。

暖色调的画面

冷色调的画面

▼ 低明度的画面中不同色相会给人不同的感觉，单色调的画面给人一种朴素而又冷静的感觉，对比色调的画面给人一种深沉华丽的感觉。

单色调的画面

▲ 明度较高的画面中，不同色温的色调给人不同的感觉，暖色调给人以柔和的感觉，冷色调给人以清爽的感觉。

对比色调的画面

纯度

纯度是指色彩的鲜艳程度。我们的视觉能辨认出的有色相感的色，都具有一定的鲜艳度。在生活中，为了方便识别，人们会将一些物体制作为纯度很高的颜色，比如红绿灯、雨衣等。

纯度较高的蓝色背景

纯度较高的红色图像

红色　　　　淡红色　　　　暗红色

当红色中混入了黑色的时候，鲜艳度降低了，明度也变暗，成为暗红色。当混入了中性灰色时，它的纯度没有变，鲜艳度降低了，成为淡红色。同一个色相，即使纯度发生了细微的变化，也会立即带来色彩感觉的变化。

明度

在黑白图像中，明度最高的为白色，明度最低的为黑色，白色与黑色的中间是一个从亮到暗的灰色系列。

有色彩的地方，就会有明暗关系。当我们绘制素描的时候，就需要对明暗关系有敏锐的判断力。明度在三要素中具有较强的独立性，它可以不带任何色相特征，只通过黑白灰的关系单独显现出来。

一个彩色物体表面的光反射率越大，对视觉刺激的程度越大，看上去就越亮，这个颜色的明度就越高。在色彩中，任何一种纯度色都有自己的明度特征。

我们可以把这种明度关系作为色彩的骨架，它是色彩结构的关键。没有明度，也就没有了空间关系，整个色彩也不会呈现。

明度较低的红色背景

明度较高的雪后画面

色相

理解和运用色彩，也必须掌握色相的基本原理。色相是一种有色彩的属性，是依据波长来划分色光的相貌。可见光因波长的不同，给眼睛的色彩感觉也不同，每种波长色光的感知就形成了一种色相，最基本的色相为红、橙、黄、绿、蓝和紫。色相间的渐变会有一种韵律感，按一定的规律，依次搭配色彩，使画面饱满鲜艳，既保持了和谐，又富有韵律。

互补色相在图像中的效果

多色相在图像中的效果

色彩的分类与特性

在我们的生活中，色彩的种类纷繁复杂，为了便于表现和应用，运用科学的方法对其进行分类，现代色彩学按全面、系统的观点将色彩分为无彩色与有彩色两类。

1. 无彩色

无彩色是黑色、白色和各种明暗层次的灰色。值得注意的是，在色彩学中，无彩色也是一种色彩。

相对于有彩色而言，无彩色没有明显的色相偏向。把所有无彩色的颜色集中起来，可得到按比例变化的明度渐暗的颜色序列，从明度最亮的白色开始，依次为：白色、亮灰色、浅灰色、亮中灰、中灰、灰色、暗灰色、黑灰、黑色。

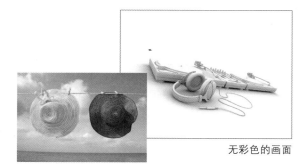

无彩色的画面

明度层次对比的画面

2. 有彩色

色相环是把光谱分解为七个颜色，按照一定的顺序围成一个圆环，得到一个供色彩研究及运用的色相环。

由于青色和蓝色都属于蓝色系，所以为了研究和运用的方便，常常把青色归入蓝色系，可得最基本的六色相环：红、橙、黄、绿、蓝、紫。"六色"以及由它们混合所得的所有的色彩统称为有彩色。

有彩色的画面

工业设计中的特别色

特别色的画面

3. 特别色

在实际的运用过程中，还有一类不属于上述两类的色彩——特别色。特别色在使用时的视觉效果与上述两类不同，具有特殊性，如金色、银色和荧光色等。特别色除了有不同的色相外，通过技术上的处理，可产生不同的光泽效果。此类色彩的确立，是为了适应现代设计中印刷的需要，以实现设计师的多种表现方法和设计物的不同视觉效果为目的。

色彩的心理理论

色彩对人的心理和情感的影响是客观存在的，这里我们着重研究色彩给人们带来的不同感觉。

不同色彩带来的不同气氛

白色背景下的红绿对比

1. 色彩的进退感和胀缩感

当两个以上同形、同面积的不同色彩在相同背景的衬托下，我们会发现给人的感觉是不一样的。例如在白色背景衬托下的红与绿，红色会让人感觉离我们较近，而且比绿色的面积大。

2. 色彩的冷暖感和轻重感

当等大的暖色与冷色图形出现在人们面前，我们会觉得暖色的图形更大一些。这就是不同色相带给人们的视觉感受。

色彩的轻重感觉，是物体色与视觉经验共同作用而形成的重量感作用于人心理的结果。所以决定色彩轻重感的因素主要是明度。

色彩的明度对比

暖色的华丽感　　　　　冷色的朴素感

3. 色彩的华丽感与朴素感

从色相上来看，暖色给人华丽的感觉。冷色给人朴素低调的感觉。

积极色　　　　　　　　消极色

4. 色彩的积极感与消极感

不同色彩的刺激，会造成人情绪上不同的反射，能使人感觉鼓舞兴奋的色彩称为积极色，使人消沉感伤的色彩称为消极色。

色彩的代表意象

不同色彩给人的感受是不同的，但又有一定的规律。

红色代表热情、危险、活力，是一种给人温暖的色彩；橙色代表温暖、热情、时尚，让人联想到夏天；黄色代表光明、希望、快活、平凡，给人积极向上的感觉；绿色代表和平、安全、生长、新鲜，让人联想到植物；蓝色代表平静、悠久、理智、深远，让人联想到海洋；紫色代表优雅、高贵、庄重、神秘，让人联想到紫罗兰；黑色代表严肃、刚健、恐怖、死亡，让人联想到黑夜；白色代表纯洁、神经、清净、光明，让人联想到云朵；灰色代表平凡、失意、谦逊，是一种中性色。

黄色代表光明与希望　　　　　　　蓝色代表深远

色彩与生活

　　色彩与我们的生活息息相关，不同的色彩象征了不同的情感，人们看到不同的色彩会联想到不同的事物，下面我们分别加以说明。

不同色彩的具体象征

　　大自然赋予我们绚丽的色彩，在选择色彩时要考虑与整体气氛相符合。不同的色彩在图像中表现的感觉是不同的。

大自然中绚丽的色彩

　　红色在所有的色彩中具有最强烈的色相，不同纯度的红色，代表着不同的意象，玫瑰红是浪漫、温暖、感性的象征，酒红色则是高贵、华丽的象征。红色的明度越高，越能体现出紧张的气氛，使人产生不安的情绪。

红色的图像

　　▼ 红色有着喜悦、活跃气氛的特质，这种色彩可以使人兴奋起来，所以在节日时，餐厅、街道等公共场所常会用红色作装饰。

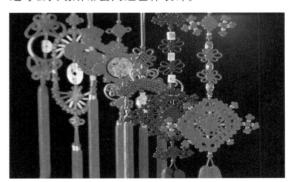

春节中红色中国结的装饰

　　黄色是所有颜色中反光最强烈的色彩。当颜色加深的时候，黄色的明度变大，但其他颜色却会变暗。

▼ 黄色的亮度很高，给人以温暖，使人联想到甜蜜幸福的感觉。

以黄色为主的海报

黄色的宣传海报

黄色的插画

▲ 由于黄色的明度高，能很快地抓住人们的视线，所以在广告宣传上，产品的包装、标示与海报中常常用黄色。

◀ 蓝色是沟通与理智之色。它作为一种冷色调，表现出知性气质的同时，还有着深入人心底的力量。这是一种来自万里晴空的颜色，既有理性，又流露出爽快的感觉，让人轻松惬意。搭配清澈的色彩，会让这种清澈洗练的感觉更加突出。

以蓝色为主的时装广告

蓝颜色的广告宣传图片

▶ 当我们仰望天空时，会有一种被吸引过去的感觉，这是因为蓝色是"后退色"的代表，给人以收紧，远离的感觉。蓝色有缓解紧张的作用。但是，蓝色的负面作用是给人以一种忧郁、无法释怀的感觉。

蓝色带给人忧郁感

以蓝色为主的海报

粉色是正红添加了大量的白色而形成的薄红。它是一种容易博得好感的色彩，少了红色的强烈而多了几分柔和，同时也能给人留下亲切的印象，让人不由得心平气和起来。粉色更加纯净并具有红色的特质，给人一种温柔的印象。

粉色用于家居装饰

▼ 在色彩的搭配中，巧妙地运用曲线和同色系的浓淡变化，能够营造出具有女性魅力的迷人色调。粉色的照片给人一种精神上的温暖，容易使人产生幸福的感觉。

▲ 将粉色运用在家居的搭配中，更能体现一种温馨浪漫的情怀。

粉色系的清爽感觉　　　　粉色的迷人色调

不同色彩的联想性

色彩和具体物体的关联被称之为色彩的联想性。

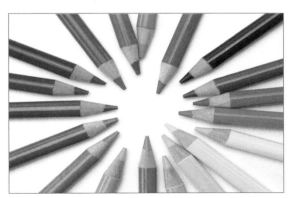

生活中常见的色彩

红色联想到火、血、太阳、玫瑰；橙色联想到灯光、柑桔、秋叶、夏天；黄色联想到迎春花、麦田、向日葵；绿色联想到草地、树叶、禾苗、蔬菜；蓝色联想到大海、天空、水；紫色联想到丁香花、茄子、葡萄、紫藤花；黑色联想到夜晚、墨炭、煤、乌鸦；白色联想到面粉、牛奶、天鹅、医院；灰色联想到草木灰、树皮、公路。

色调

色调是进行设计时组合搭配颜色最重要的概念，控制好色调的搭配，能更加有效地把握色彩表达的感情色彩。根据不同的色彩关系，将色彩分为鲜明、明亮、高亮、清澈、苍白、灰亮、隐约、浅灰、阴暗、深暗、黑暗 11 种色调。

▼ 比如"鲜明"和"高光"色调的彩度很高，给人一种华丽的感觉；"清澈"和"隐约"的亮度和彩度较高，十分柔和。

阴暗的色调

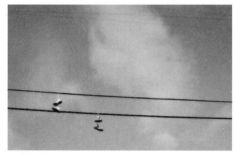

清澈的色调

▲"灰亮"、"浅灰"以及"阴暗"的亮度和彩度较低，让人觉得低调、理性；"深暗"和"黑暗"的亮度非常低，让人觉得凝重。

不同色调的特征

不同的色调搭配可以使画面的明度、纯度、色相更具协调性。

明色调的画面

2. 淡色调

"苍白"、"清澈"色调是纯色中混入了大量的白色而形成的色调。原本纯色的感觉被大幅度削减，充满活力的感觉变弱，优美而纤细的感觉体现出来。这种色调适合柔和、甜美、浪漫的商品，多用于化妆品中。

1. 明色调

"明亮"色调明度较高，是纯色中加入一些白色形成的色调。在纯色原本大方的感觉上加入了白色之后，形成爽快、大方、明朗的感觉。这是一个没有太强个性、适合大众的色调，在各领域中得到了广泛的运用。

淡色调的画面

"鲜明"色调不掺杂任何白色、黑色与灰色，是最纯粹、最鲜明的色调，其他的颜色都一定程度上加入了无彩色（黑、白、灰）。"鲜明"色调给人健康、活力、有激情的开放感觉。

微浊色调的画面

4. 明浊色调

"灰亮"色调是比较淡的颜色加入明度较高的灰色形成的色调，用于表现优美和素净的感觉。高品味、高趣味性的画面，很适合明浊色调，容易给人信赖感。

微暗色调的画面

6. 暗色调

"黑暗"色调是纯色加入黑色形成的色调。纯色的健康感与黑色的力量感组合，形成威严而厚重的感觉。黑色所占的比重越小，就越接近纯色，色彩感觉就会从厚重感转向激励性的感觉。

3. 微浊色调

"高亮"、"隐约"、"阴暗"色调是在纯色中加入少许灰色形成的色调。高纯度的色彩中添加了调和的灰色，减少了色彩鲜明的个性和强硬的态度。微浊色调柔和协调，易于搭配。

明浊色调的画面

5. 微暗色调

"微暗"色调是纯色加入一些黑色形成的色调，表现出很强的力量和豪华感。与开放感很强的纯色相比，此类色调更显厚重，显出一些华丽的感觉。

暗色调的画面

色调形象坐标图

为了在实际的工作中更方便地运用色彩，将色彩按照一定的规律和秩序排列起来，形成了色调形象坐标图。坐标图中，由上至下亮度依次递增，而从左至右彩度依次递减，即越靠上颜色越亮，越靠右颜色越鲜明。

色调形象坐标图

低明度的画面

调色技巧

我们拍摄完照片以后，有时会因为天气或人物的原因导致照片的效果不理想，这时可以通过调色来弥补这些缺憾。如果想将照片处理为某种想要的风格，也可以通过调色来实现。

调色前需考虑的三个因素

如果想要将照片中的色彩调出比较好的效果，首先要考虑到以下三个因素。

1. 要明确一个主色调

主色调是影响整个画面效果的色彩。在好的作品中一定可以很清楚地看出主调色彩。

▶ 该作品是以暗黄色为主色调，围绕这一色调有深浅不一的变化，使人感觉画面丰富，协调统一。

以暗黄色为主色调的画面

2. 色与形的关系

色与形的关系指的是主要色彩的图形要素。不同的色彩，给人的感觉是不一样的，如红色感觉膨胀，蓝色感觉收缩。同样的道理，相同的颜色不同的形状，感觉也是不一样的。

相同形状的不同色彩

3. 主要色调的图形间隔

主色调的图形与其他图形间的间隔，也就是色彩与色彩之间的间隔关系。

生活中有很多色彩间隔的例子，如斑马纹、豹纹等，这些动物纹给人留下深刻的印象。色彩间隔间的明度对比越强烈，视觉冲击力越大。反之，明度对比小的色彩对比，视觉冲击力较低。

要形成色调之间的"秩序"感，需要考虑色彩的主次关系、色彩的空间位置、统一与变化的比例，即统一与变化的要素各占多少分量。生活中会有许多图形间隔的例子，如蓝色与白色的横条纹图案，明度对比较低，给人以清新自然的感觉。

不同色彩产生的空间层次的变化

色彩的变化

色彩间的间隔

图像的色彩模式

我们在进行调色前，首先要认识一下 Photoshop 中常见的颜色模式，主要包括 HSB（色相、饱和度、亮度）模式、RGB（红色、绿色、蓝色）模式、CMYK（青色、洋红、黄色、黑色）模式和 Lab 模式等。

RGB 模式下的图片

1. HSB 模式

HSB 模式以人对颜色的感觉为基础，描述了颜色的三种基本特征。这三种基本特征是色相、饱和度和亮度。执行"窗口 > 颜色"命令，打开"颜色"面板，然后单击颜色面板右上角的 ≡ 按钮，在弹出的子菜单中选择"HSB 滑块"命令。

HSB 模式下的图像

H（色相）：指的是从物体反射或透过物体传播的颜色。范围为 0°～360°。

S（饱和度）：指的是颜色的纯度。范围为 0%（灰色）～100%（完全饱和）。

B（亮度）：指的是颜色的明暗程度。范围为 0%（黑色）～100%（白色）。

2. RGB 模式

RGB 模式是利用红、绿、蓝三种基本颜色进行颜色加法，混合出肉眼能分辨的颜色。在这三种颜色的重叠中可以产生青色、洋红、黄色和白色。Photoshop 的 RGB 颜色模式使用 RGB 模型，并为每个像素分配一个强度值，因此它所显示的颜色比 RGB 颜色要少。

在 8 位 / 通道的图像中，彩色图像中的每个 RGB（红色、绿色、蓝色）分量的强度值为 0（黑色）～225（白色）之间的数值。当所有分量的值均为 225 时，结果为纯白色；而当这些值都为 0 时，结果是纯黑色。

红绿蓝三种不同色相的组合　　　　RGB 模式的"颜色"面板

一般扫描输入和绘制的图像都是使用 RGB 模式保存的。如果是同样的效果，用 CMYK 模式保存的图像较大，用 RGB 模式保存的图像要小一些，并且在 RGB 模式下处理图像会比较方便。

3. CMYK 模式

　　CMYK 颜色模式是一种印刷模式，其中的四个字母分别代表青、洋红、黄、黑。

　　CMYK 模式在本质上与 RGB 颜色模式没有大的区别，只是产生色彩的原理不同。RGB 产生颜色的方法称为加色法，CMYK 产生颜色的方法称为减色法。它有四个通道，分别是青、洋红、黄、黑，每个通道内的颜色信息是由 0%～100% 的亮度值来表示的。

　　在处理图像时我们一般不采用 CMYK 模式，因为这种模式的图像文件需要占用较大的储存空间。此外，在这种模式下，Photoshop 提供的许多滤镜都不能使用。

　　CMYK 模式以打印在纸上的油墨对光线的吸收特性为基础。当白色光照射到半透明的油墨上时，某些波长的可见光被吸收，而其他波长的光则被反射回眼中。

　　实际上，一般只是在印刷时才将图像颜色模式转换为 CMYK 模式。C（青色）范围为 0%～100%；M（洋红）范围为 0%～100%；Y（黄色）范围为 0%～100%；K（黑色）范围为 0%～100%。

CMYK 模式的〝颜色〞面板

CMYK 模式下的暖色调

CMYK 模式下的冷色调

4. Lab 模式

　　Lab 颜色模式是由三个参数 L、a、b 来决定的。其中 L 代表亮度，其取值范围为 0～100，a 分量（绿色到红色轴）和 b 分量（蓝色到黄色轴）的范围都是 -128～+127。在〝颜色〞面板中，a 分量代表了绿色到红色的光谱变化，b 分量代表了蓝色到黄色的光谱变化。

　　一般情况下 Lab 颜色模式很少使用，它是目前所有的模式中包含色彩范围最广的颜色模式。因此，通常只有在不同的系统和平台之间交换图像文件时为了保持图像真实度才使用此模式。

Lab 模式下的色彩　　　　　　　　　　　　Lab 模式的"颜色"面板

5. 灰度模式

灰度颜色模式中只有黑、白、灰三种颜色而没有有彩色。

在 Photoshop 中灰度图看成是只有一种颜色通道的数字图像，它可以设置灰阶的级别，每个像素都用 8 位来记录，8 位就是 2 的 8 次方，即 256 色，所以也叫作 256 灰度模式。灰度图像中的每个像素都有一个 0~255 之间的亮度值。

灰度模式下的画面

灰度模式的"颜色"面板

▍色彩的运用

色彩本身具有非常奇妙的表现力，它在人们的生活中随处可见，时刻展示着人们对待生活的新看法。合理运用色彩，可以扩大我们的创作想象空间。

时装中的色彩能让人产生特殊的感情，什么颜色的服装适合在什么季节穿着，以及什么颜色搭配什么肤色的人是最合适的，这些都是需要特别讲究的。

色彩在时装上的运用

1. 整体色调的控制

如果想使照片表现出充满生气、冷清、温暖或寒冷等感觉，都要利用照片的整体色调来表现。下面介绍一下怎样才能控制好整体色调。

只有控制好整体色调的色相、明度、纯度以及面积的关系，才能控制好照片的整体色调。

▶ 要在配色中决定占大面积的颜色，并根据这一颜色来选择不同的色彩搭配，从而可以得到不同的整体色调，再从中选择出我们想要的配色效果。如果选择用暖色系来做整体色调则会呈现出温暖的感觉，反之亦然。

整体色调为暖色调

以明度高的色为主色调则给人亮丽、轻快的感觉，在数码照片中会呈现浪漫气息；以明度低的色为主色调则显得比较庄重、严肃，给人以颓废低沉的感觉；取对比的色相则给人活泼的感觉，取类似色或同一色系则给人稳健的感觉；色相多则看起来华丽，色相少则清爽自然。根据这一类似的原理，在数码照片中对照片整体风格和色调关系的把握有很大的帮助。

▼ 色相多则看起来华丽，少则淡雅、清新。以上几点整体色调的选择要根据所要调整照片的实际情况来决定。

暖色调的画面

色相多的画面给人丰富华丽的感觉

冷色调的画面

▲ 如果用暖色和纯度高的颜色作为整体色调则给人以热情似火的感觉；以冷色和纯度低的色为主色调则让人产生清冷、平静的感觉。

2. 色彩的平衡

色彩的平衡就是颜色的强弱、轻重、浓淡这些关系的平衡。

色彩的比例带来的平衡感

◀ 即使是相同的配色，也将会根据图形的形状和面积的不同来决定成为调和色还是不调和色。一般同类色搭配比较容易平衡。

红绿色的主次搭配

红绿色的面积搭配

▶ 处于补色关系且明度相似的纯色配色，如红和绿的配色，会因过分强烈而使人感到刺眼，成为不调和色。但若把一个颜色的面积缩小或加入白色或黑色，改变其明度和彩度并取得平衡，则可以使这种不调和色变得调和。

纯度高并且色相强烈的色与同样明度的浊色或灰色搭配时，如果前者的面积小，而后者的面积大时也可以很容易取得平衡。将明色与暗色上下搭配时，若明色在上暗色在下则会显得安定。反之，若暗色在明色上则会显得动感。

3. 色彩的重点色

运用色彩时，为了弥补调性的单调，可以将某个色作为重点色，从而使整体色彩平衡。在整体配色的关系不明确时，我们就需要突出一个重点色来平衡色彩关系。

选择重点色要注意以下几点：重点色应使用比其他色调更强烈的颜色；应该选择与整体色调相对比的调和色；重点色应该用于极小的面积上，而不能大面积使用；选择重点色必须考虑色彩方面的平衡效果。

重点色的画面

4. 色彩的节奏

由色彩的搭配产生整体的色调，而这种搭配关系在整体色调中反复出现排列就产生了节奏。色彩的节奏与摆放、大小、质感等有关。

将色相、明暗、强弱等重复排列，从而会产生反复的色彩节奏。

色彩的节奏感

色彩模式的转换

简单来说，RGB 模式就是在显示器上表现出来的，用肉眼可以看到的大部分的颜色，而 CMYK 模式则是在印刷品上表现出来的颜色。下面简单地向大家介绍一下颜色模式之间的转换。

1. CMYK 模式和 RGB 模式之间的转换

在 RGB 模式转换为 CMYK 模式时，图像中的色彩会发生分色，颜色的色域就会受到限制。因此如果图像是 RGB 模式的，最好先在这个模式下编辑画面，然后再转换为 CMYK 模式。在转换之前可以执行"视图 > 校样颜色"命令预览一下效果。

要将 CMYK 模式转换为 RGB 模式，可以执行"图像 > 模式 >RGB 颜色"命令。反之，要从 RGB 模式转换为 CMYK 模式，可以执行"图像 > 模式 >CMYK 颜色"命令来实现。

预览色彩选项

CMYK 模式的画面会灰暗一些

RGB 模式的画面会鲜艳一些

2. RGB 模式和灰度模式之间的转换

要从 RGB 模式转换到灰度模式，可以执行"图像 > 模式 > 灰度"命令。反之，要从灰度模式转换为 RGB 模式，可以执行"图像 > 模式 >RGB 颜色"命令。同样的方式，要将其他模式的彩色图片转换为灰度模式，就可以执行"图像 > 模式 > 灰度"命令。

RGB 模式转化为灰度模式的图像

▲ 彩色图片模式转换为灰度模式时，Photo-shop 会自动扔掉原图中所有的颜色信息，只保留像素的灰阶。

▼ 灰度模式可以作为位图模式和彩色模式之间相互转换的中介模式。在将 RGB 模式转换为灰度模式时会出现提示信息对话框。需要单击"扔掉"按钮才可以完成转换，如果单击"取消"按钮则取消操作。

转换模式

转换操作

3. 利用 Lab 模式进行模式转换

　　Lab 模式的色域最宽，它包括了 RGB 和 CMYK 色域中的所有颜色，所以使用 Lab 模式进行转换时不会造成任何色彩上的损失。Photoshop 是以 Lab 模式作为内部转换模式来完成不同颜色模式之间的转换。例如，在将 CMYK 模式的图像转换为 RGB 模式时，Photoshop 会把 CMYK 模式转换为 Lab 模式，然后再将 Lab 模式转换为 RGB 模式的图像。

RGB 模式的图像

Lab 模式的图像

4. RGB 模式与 CMYK 模式的转换要点

　　在不同模式之间转换，图像都会有相应的变化，为确保差别不会太大，应该注意以下几点：首先，显示和处理图像最好使用 RGB 模式；其次，使用印刷色打印图像，最好使用 CMYK 模式；再次，CMYK 模式与 RGB 模式的转化中，选择颜色时饱和度不要太高，以保证画面的效果不变；最后，设置颜色时最好不要在 RGB 模式中输入。在 RGB 模式与 CMYK 模式的转化中，应对转换之前的模式做一个备份。

Photoshop中的图像颜色

Photoshop 具有强大的颜色处理功能，它体现为色彩模式和色彩调整命令。首先介绍前景色与背景色，了解它们的概念和各种应用；然后再介绍怎样通过拾色器对图像的明暗度、饱和度、对比度等进行校正，以满足我们对色彩的完美要求。

这些命令的侧重点不同，当我们越深入了解这些命令就越能准确地选择并发挥其作用，下面来具体介绍这些命令的操作。

前景色和背景色

Photoshop 工具箱中的前景色用来绘画、填充和描边选区，背景色用来生成渐变填充或在图像已经抹除的区域中填充，还有一些特殊效果的滤镜也会使用前景色和背景色。

1. 更改前景色

单击"设置前景色"颜色框，然后在打开的"拾色器"对话框中选取一种颜色，即可更改图像的前景色。默认的前景色是黑色，默认的背景色是白色。然而在 Alpha 通道中则相反，默认的前景色是白色，默认的背景色是黑色。

前景色与背景色　更改前景色

2. 更改背景色

单击"设置背景色"颜色框，然后在打开的"拾色器"对话框中选取一种颜色，即可更改图像的背景色。单击选取了背景色以后，图像"背景"图层的颜色并不会马上更改，只有用户在"背景"图层上使用"橡皮擦"工具擦除原来的背景色时，选取的背景色才会显示出来。

设置背景色为红色擦除的效果

3. 还原前景色和背景色

单击"默认前景色和背景色"按钮 ■，可以将当前的前景色和背景色恢复为默认的黑色与白色，也可以按下快捷键 D 还原前景色与背景色。

4. 切换前景色和背景色

单击"切换前景色和背景色"按钮 ↰，可将当前的前景色和背景色互换。另外，按下快捷键 X 也可以切换当前前景色和背景色。

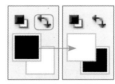

转换背景色与前景色

"拾色器"对话框

通过拾色器，我们可以设置前景色、背景色和文本颜色。在 Photoshop 中还可以使用拾色器在某些颜色和色调调整命令中设置颜色，如在"渐变编辑器"中设置终止色，在"照片滤镜"命令中设置滤镜颜色，在填充图层、某些图层样式和形状图层中设置颜色。

单击工具箱或者"颜色"面板中的"设置前景色"预览框，即可打开"拾色器"对话框。颜色滑块的右边有一块显示颜色的区域，它分为上下两个部分，下部分显示打开"拾色器"对话框之前原稿的前景色或者背景色。

"拾色器"对话框

◀ 在对话框的右下方有 HSB、RGB 和 Lab 等三种颜色模式的九种颜色分量单选按钮。单击其中的一个单选按钮，"色域"窗口中就会出现不同的颜色。

在 HSB、RGB、Lab 和 CMYK 等四种颜色模式的颜色分量文本框中输入相应的数值或者百分比，也可以完成选取颜色的操作。

RGB 模式下的图像颜色

▶ 在对话框的右下方有一个 # 标志的文本框。使用上面两种方法选取颜色，每选取一种颜色就对应文本框中的一个数值，可以在此文本框中直接输入十六进制值，如"FFFFFF"是白色、"FF0000"是红色、"000000"是黑色。

\# 标志的文本框

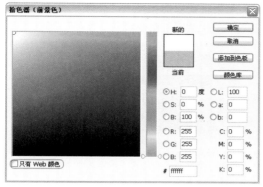

"只有 Web 颜色"复选框

▲ Web 颜色指的是网页显示颜色，因为上传到网上的颜色和电脑中的颜色是有区别的。

▼ 勾选"只有 Web 颜色"复选框，可以选取超过 Web 颜色范围的颜色，颜色滑块右侧的颜色方块中上方会显示与当前颜色最接近的 Web 颜色，单击"确定"按钮即可将当前选择的颜色换成方块中的颜色。

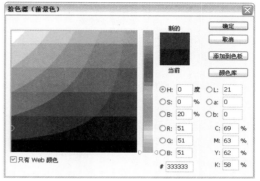

Web 颜色的效果

"颜色"面板

"颜色"面板显示当前前景色或背景色的颜色值。拖动"颜色"面板中的滑块，可以利用几种不同的颜色模型来编辑前景色或背景色。也可以从显示在面板底部的样本条中选取前景色或者背景色。

单击"设置前景色"或者"设置背景色"按钮，都可以打开"拾色器"对话框。拖动颜色分量滑动杆上的滑块或者在文本框中输入有效数值都可以调节颜色的深浅。

"颜色"面板

拖动滑块调节颜色

将光标移动到样本条上，单击其中的颜色可以选取一种颜色作为背景色；在按住 Alt 键的同时单击样本条中的颜色也可选取一种颜色作为背景色。

"色板"面板

"色板"面板储存经常使用的颜色，可以直接选取使用。用户也可以在面板中添加或删除颜色。

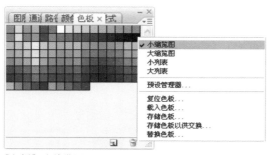

"色板"小缩览图

▲ 如果需要更改色板的显示方式，只要单击面板菜单按钮，在弹出的菜单中选择"小缩览图"选项即可显示每个色板的缩览图，这是默认视图。选择"小列表"选项可以显示每个色板的名称和缩览图。

添加色板

▼ 如果当前界面中没有"色板"面板，可以执行"窗口 > 色板"命令打开"色板"面板。

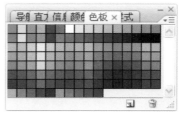

"色板"面板

◀ 如果需要添加色板，则将光标移动到面板中的空白处，当光标变成油漆桶形状时单击左键弹出"色板名称"对话框，然后单击"确定"按钮即可将当前的前景色添加到"色板"面板中。按住 Alt 键单击面板下方的"创建前景色的新色板"按钮，也可以打开"色板名称"对话框。

"吸管"工具

使用"吸管"工具，可以从当前图像、"色板"面板、"颜色"面板的样本条、"设置前景色"或"设置背景色"按钮中采样，采集的色样可用来指定新的前景色或背景色。

使用"吸管"工具选取颜色的具体步骤为，先选择工具箱中的"吸管"工具，然后在工具属性栏中设置具体的参数即可。

"取样大小"选项

▶ 使用"吸管"工具在图像上单击即可完成前景色的选取，按住 Alt 键的同时单击左键即可完成背景色的选取。

颜色的选取

▲"取样大小"选项包含了七种选取方式。"取样点"选项为系统默认的设置，选择它表示选取颜色精确到 1 个像素，单击位置的像素颜色即为当前选取的颜色。"3×3 平均"选项表示以 3×3 个像素的平均值来确定选取的颜色。"5×5 平均"选项表示以 5×5 个像素的平均值来确定选取的颜色，以此类推。

第2章
数码照片的色调风格

　　用数码相机拍照时，由于光线与周围环境的影响，照片中或多或少会存在一些遗憾。这时我们可以通过后期处理对其进行调整，以达到我们的预期效果。调整后的风格有非主流风格、梦幻浪漫风格与搞笑可爱风格等。通过本章的学习我们可以将数码照片的色彩进行调整和美化，使照片能更好地表达出画面的意境和含义。

光对数码照片的影响和作用

光线是数码照片中一个不容忽视的重要因素。研究光线的方向和光位对摄影者来说是很有必要的，那么在此我们就先来了解一下光线方向和光位对数码照片效果的影响。

柔和光线下的静物

柔和光线下的人物

光的性质根据形态和入射方向、色彩与光波的长短等有很多分类。在这里主要根据光线的方向进行讲解。光线方向，主要是相对于数码相机镜头而言的，也可以说是根据观察者的视角而言，指的是光源位置与拍照方向之间所形成的光线照射角度。

光源位置和拍照方向两者之一有所改变都可以认为是光线的改变。光线方向在立体空间的变化是十分丰富的，它也是影响被摄物体造型的主要因素。

光位是构成被拍摄对象造型效果的光线角度（包括水平角和垂直角）。光位是在确定拍摄方向的条件下，围绕着被拍摄对象进行不同位置的照明，可以分为顺光、逆光、顶光、侧光、角光等，任何光位的确定都取决于所拍摄的位置，也就是视点。视点的变化就意味着光线方位、拍摄对象的受光面积、方向等光线效果的变化。

侧光下的影子

逆光中的物体

顶光下的人物

在自然光的条件下，太阳作为主要光源，它的高度与拍摄方向所形成的角度的变化决定了光位。在人工照明条件下，光位可以根据造型需要进行调整，光位的细微变化都会对拍摄的造型效果产生一定的影响。

顺光

顺光，也称为"正面光"，光线投射的方向与数码相机的拍摄方向一致。

顺光时，被摄物受到均匀的照明，物体的阴影被自身遮挡住，影调比较柔和，能柔化被拍摄物体表面的凹凸及褶皱，但如果处理不当，看起来会比较平淡。

顺光下拍摄的人物

顺光照明不利于在画面中表现大气、透视的效果，对于表现空间的立体效果也不是很明显，在色调的对比和反差上也不如侧光和逆光丰富。

但同时顺光也有相应的优势，不但影调柔和，而且还能很好地体现景物固有的色彩。在进行光线处理的时候，一般把比较暗的顺光作为副光或造型光来应用。

逆光

逆光，也称为"背面光"，是来自被摄物体后面的光线照明。由于从背面照明，只能照亮被摄物体的轮廓，所以又称作"轮廓光"。

逆光的照片往往会因为背景太亮而导致主体曝光不足。光源正对着照相机镜头的照明即为逆光照明。在全逆光照明下，被摄体背对照相机的一面受光，而面对照相机的一面则处于阴影中，这时应注意对其暗部进行补光。如果不补光，也可以处理成剪影效果的照片。

逆光中的剪影照片

逆光下的人物

逆光分为正逆光、侧逆光、顶逆光三种形式。

在逆光照明条件下，景物大部分处在阴影之中，只有被照明的景物轮廓清晰，使这一景物区别于其他的景物，因此层次分明，能很好地表现大气、透视的效果。在拍摄全景和远景中，往往采用这种光线，使画面获得丰富的层次与意境。

在逆光的拍摄中，比较注重对被摄物体轮廓的刻画以及光与影形成的空间感，这类照片多表现复杂的情绪，给人忧郁的感觉。

顶光

顶光，来自被摄物体上方的光线。在顶光照明下，被摄物的水平面照度大于垂直面照度，物体的亮度间距大，缺乏中间层次。如果用辅助光提高阴影亮度形成小光源，可以获得较好的造型效果。在风景摄影中，拍摄位置恰当也可以获得较好的影调效果。顶光包括顺顶光、顶光、顶逆光，前两者照明效果相似，后者与逆光效果相似。

顶光下的小猫

如果在顶光下拍摄人物，会产生反常的、奇特的效果，比如前额发亮、眼窝发黑、鼻影下垂、颧骨突出、两腮有阴影等，不利于塑造人物形象的美感。

利用顶光拍摄会给照片增加特有的气氛。在顶光理想的地点包括房间、餐馆和大的工厂等，这些地方都能给图像增加戏剧性的效果。

顶光下的人物

侧光

侧光下的人物

▲ 侧光，光线投射方向与拍摄方向成90°左右照明。一般受侧光照明的物体，有明显的阴暗面和投影，对被摄物体的立体形状和质感有较强的表现力。

▼ 侧光的缺点是会形成一半明一半暗的过于强烈的影调和层次，在大场面的景色中容易形成不均衡画面。这就要求在构图时考虑受光面景物和阴影在画面中所占比例。

侧光造成的画面不均衡

侧逆光

侧逆光，又被称为反侧光、后侧光。光线投射方向与数码相机拍摄方向大约为水平135°的照明。

侧逆光下的人物

侧逆光照明的景物，大部分处在阴影之中，景物被照明的一侧往往有一条亮光轮廓，能较好地表现景物的轮廓线和立体感。

在外景摄影中这种照明能较好地表现大气、透视的效果。利用侧逆光进行人物近景和特写时，一般要对人物做辅助照明，以免脸部太暗，但对辅助照明光线的亮度要加以控制，使之不会影响侧逆光自然照明效果。

非主流艺术风格

非主流的特性在于张扬个性、另类、非大众化、不盲从当今大众的潮流，讲究符合自己个性的服装、衣着、言行等。

欧美非主流照片

非主流有一些特点，到目前为止还没有一个确切的定义。风格不会固定存在，一直都在变化当中，或者说仍然存在较大变动。

非主流并非就是最流行的东西，可以是相对超前的或者滞后的，从人数上讲追求非主流的人占相对少数。

主流的事物，应该说是一个相对稳定的整体，但依然遵循一定的规律和法则，它们的结果是有预见性的。非主流应该保持它的活力，这个活力是指一种创造的能力。很多非主流的事物，一旦失去创造力，尽管其形式仍然是非主流的，那么只有两种结局，即被消灭或被同化。非主流照片一般色彩浓烈，色彩的对比度与饱和度都比较高，或者是深沉、阴暗与颓废意境的表达。

色彩浓烈的非主流照片

个性张扬的非主流照片

灰暗的非主流照片

比如嬉皮士风潮，一旦失去了其特定的历史创造力，不能与时俱进地发展自己的理念，也就逐渐发展成为一种时尚。而无法确切定义也正是非主流事物拥有创造力的反映。

非主流不是跟随大众潮流的东西，它另类、张扬，或者更确切地说是符合个人心理的行为，它可能是相对超前的或者滞后的，也可能是理性的或者偏激的。大多时候，非主流的主体都难以被大众社会所接纳。它是一种体验，也是一种心灵的释放方式。那么，较为通俗的说法就是，非主流的家伙总能表现出一种个性。

非主流颓废照片

强调个性、宣扬内心的情感是非主流颓废照片所表现的主要的特征。非主流颓废照片主要以深色调为主，表现出一种阴暗的气氛。

非主流颓废照片，表现一种情感的宣泄。拍摄视角追求细节与个性化，采用局部构图的比较多，色彩浓烈，对比度高，色调统一，特殊光源的运用更能体现出暗淡气氛。

黑白颓废感的照片

灰暗颓废感的照片

暗黄调颓废感的照片

蓝色阴暗感的照片

怀旧气息照片

怀旧气息的非主流照片，是非主流中一个重要的表现风格。容易让人联想到逝去的童年和青春。一方面带给人一种悲凉，另一方面带给人一种希望。多采用阴暗色调，颜色纯度不高，模糊柔化的方式比较常见。景物方面人物背景的选择比较广泛，也可以从单个景物的特殊视角拍摄，从而使画面充满回忆怀旧伤感的气息。

奔跑的人物背影

放射性视角拍摄

静物的特殊视角拍摄

人物视角与静物的联系

浪漫情侣照片

　　浪漫情侣的非主流照片也是常用的一种表现形式，表现出年轻人的爱情宣言。

　　▼ 与普通照片风格不同的是，非主流照片多带有伤感或怀旧气氛，并非像普通照片一样表现的是情侣的甜蜜。

黑白传达出的气氛

不同方式的宣言

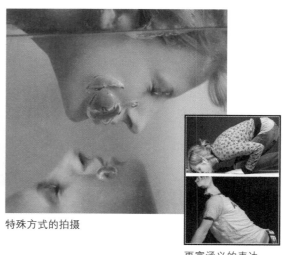

特殊方式的拍摄

更富涵义的表达

　　▲ 非主流照片采用的是特殊的拍摄角度与姿态，让画面充满神秘感。色彩上多采用黑白或淡色调，这样能更好地烘托气氛。

个人感性照片

个人感性照片是自我情感的表达，是一种心灵的倾诉。

非主流拍摄本身就是感性的，个人感性的照片更是自由无拘束的。它们多为自拍，在色彩的选择上丰富多样。

▼ 拍摄场地的选择随意自然，没有太多的限制。可以是远景拍摄，也可以是局部拍摄。

黑白处理　　　　　　　　　　　　俯视角度拍摄

远处的背影拍摄　　　　　　　局部拍摄

▲ 构图方面比较随意，可以是人物的局部拍摄，采用单色调的背影，将视觉中心放在人物上，达到宣泄情感的目的。

梦幻浪漫风格

梦幻浪漫风格也是数码照片中一种重要的表现形式，将光线的照射运用得淋漓尽致，产生梦幻模糊的效果。

在艺术表现上，梦幻浪漫风格是完全独立存在的，它反对纯理性和抽象表现，强调具体的、具有特征描绘和情感传达的表现。照片大多需要经过后期处理，它强调主观、天才和灵感，强调思想的自由和解放。

暖色调梦幻浪漫风格的照片

冷色调梦幻浪漫风格的照片

　　梦幻浪漫的风格反对刻板的雕刻般的造型和过分强调素描为主的表现手段，它竭力强调光和色彩的强烈对比所形成的饱和色调，以动荡的构图、奔放而流畅的笔触、比喻或象征的手法塑造艺术形象，抒发社会理想和美学理想。

　　梦幻浪漫风格的照片一般分为风景照与人物照两类，但多是以风景为主。在人物照中主要以情侣为主，单独的人物背景不多。通过飘逸的画面，营造出一种梦幻浪漫的氛围。

▌梦幻浪漫的风景和静物照片

　　梦幻浪漫的风景照片多表现一种唯美的情调。以热情奔放的色彩、瑰丽的想象和夸张的手法来塑造形象，无论是暖色调还是冷色调的画面，都采用模糊或者合成的手法来达到梦幻的效果。

梦幻感觉的风景照片

◀▼ 通过调色改变其色调，运用叠加和图像合成功能使其与普通照片有所区别，也可添加一些特殊的背景和装饰，使其富有神秘色彩。

加入后期合成的图像

　　▼ 合成的人像照片可以丰富人们的生活，闲暇之余增添几分乐趣，给人一种轻松愉悦的感觉。尽情地发挥想象，将现实中不可能的一面，展现在照片中。

发挥想象的合成图像

用于公益广告中的合成图像

　　▲ 合成风景照片可以将人们心中所想的理想画面呈现在面前，给人一种真实感。使人的思维不再拘泥于现实生活，这种抽象夸张的表现手法也常运用于广告中。

除风景照片外，在静物照片中也可以营造出梦幻风格。单个静物的拍摄，源于生活中的小细节，在后期的处理中多采用模糊的手法，这些朦胧的照片会给人们带来温馨的回忆。

色彩鲜艳的静物照片

朦胧的静物照片

色调统一的静物照片

梦幻浪漫的人像照片

梦幻浪漫的人像照片多表现的是情侣，我们拍摄时应多采用远景，以天空和海边为主。人物在画面中所占的比重并不是很大。

▲ 拍摄单人的浪漫照片时，场景和服饰很重要，也可以借助一些道具，表现出浪漫的感觉。

▼ 色调上主要采用清新淡雅的风格，给人温馨浪漫的感觉。我们可以避开纯度较高的色彩，以淡色调为主，表现出一种唯美的感觉。

色调统一的浪漫照片

采用特殊构图的照片

搞笑可爱风格

数码照片中的搞笑可爱风格是数码照片特有的风格，可以加入自己的想象将照片处理为自己想要的风格。

▼ 使用拟人的手法，在一张平凡无奇的照片中勾画几笔，就会变成一张特殊的照片，使照片看起来更加温馨、可爱。

添加表情使照片看起来温馨可爱

不同角度的拍摄与生活中的趣味发现

▲ 通过各种角度，拍摄比较有趣的照片。我们细心观察生活，就会发现很多有趣的画面，把它们拍摄下来，也是很有意义的。

◀ 生活中也有很多值得我们去发现与体会的可爱瞬间，这就需要我们多观察。它可以是自己随性的一些涂鸦，也可以是通过想象加入的后期制作。这些小的灵感和想象，都源于我们对生活的热爱。

可爱有趣的照片需要对生活的细心观察

Photoshop 的颜色调整功能

色彩与色调是颜色的两个重要属性，通过对这两个重要属性的高级校正，我们就能对颜色做到精细的调整和整体把握。

色彩与色调的高级校正主要是通过 Photoshop 调整颜色功能来完成的。这些命令调整的侧重点不同，当我们越深入了解这些命令，就越能准确地选择并发挥其作用。下面我们就来具体介绍这些命令的特性及操作。

色阶的基本操作

使用"色阶"命令校正整体色调或颜色，在照片的调色中是个不错的选择。使用"色阶"命令可以对图像的阴影、中间调与高光进行调整。

单击"色阶"对话框中的"选项"按钮，打开"自动颜色校正选项"对话框，从中可以完成自动调整图像的整体色调范围。

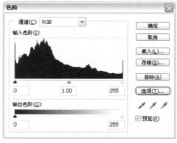

"色阶"对话框

"自动颜色校正选项"对话框

如果手动调整，以这张单色调的照片作为例子，区别就比较明显。首先打开图片，执行"图像 > 调整 > 色阶"命令或按下快捷键 Ctrl+L，都可以打开"色阶"对话框，在对话框中拖动滑块调整颜色，再单击"确定"按钮退出即可。

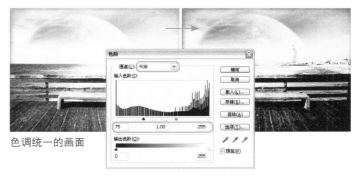

色调统一的画面

输入色阶用来增加图像的对比度。与"直方图"面板上显示的一致，可以通过拖动黑、灰、白三个三角滑块来调整色调。

黑三角：向右拖动可以增大图像阴影的对比度，图像变暗。

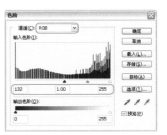

向右拖动黑三角滑块后的效果

39

灰三角：调整中间调的对比度，对图像阴影与高光部影响不大。

白三角：向左拖动增大图像高光的对比度，图像变亮。

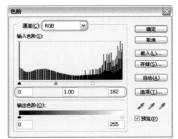

向左拖动白三角滑块后的效果

曲线的基本操作

"曲线"命令与"色阶"命令都可以用来调整图像的色彩与色调，"曲线"命令是针对图像不同点的调整，使图像中指定的色调范围变亮或变暗。

执行"图像 > 调整 > 曲线"命令或按下快捷键 Ctrl+M，都可以打开"曲线"对话框。这条从左下方到右上方的曲线，就是用来调整图像亮度的。

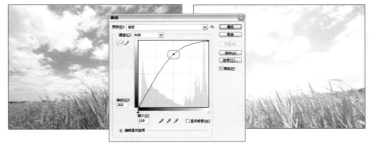

向上方移动控制点画面变亮

我们可以创建两个控制点，分别向上下两个方向移动控制点。这样操作是为了拉大图像中的阴影与高光的差距。

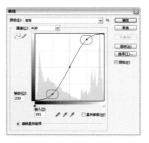

两个控制点的高反差效果

反之，我们将两个控制点反方向移动，这样就相对缩小了图像阴影与高光的差距，画面变得比较灰。这样操作可以将图像的反差度降低。

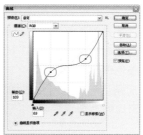

两个控制点的低反差效果

如果创建三个控制点，中间控制点不动，提高阴影部分和高光部分的亮度，通常利用这种方法来调整暗调。

三个控制点调整暗调的效果

当我们把两个控制点反向移动时，图像中的颜色都反转了，图像就成了负像。

控制点反方向的效果

打开对话框中的"通道"下拉菜单，选择"蓝"通道，并将曲线向下压，可以看到画面中的蓝色变暗了。

通道调整的效果

色彩平衡的基本操作

"色彩平衡"命令是通过混合各种色彩来校正图像中出现的偏色现象。使用此命令时，图像要在通道面板中处于复合通道状态，否则无法执行。执行"图像 > 调整 > 色彩平衡"命令或按下快捷键 Ctrl+B，都可以打开"色彩平衡"对话框，下面具体讲解如何才能达到色彩的平衡效果。

我们选择要着重更改的色调范围，然后选择"中间调"单选按钮，接着在"色阶"文本框中输入 -100~100 之间的数值来改变颜色的组成，调整图像的颜色。勾选"预览"复选框，则可随时查看调整的图像效果。

"色彩平衡"对话框

阴影部分调整的效果　　　　中间调部分调整的效果　　　　高光部分调整的效果

蒙版的基本操作

蒙版是 Photoshop 的重要功能之一，蒙版顾名思义就是蒙在图层上的一层板子，它的作用就是遮挡不需要的部分，遮挡的规则是白留黑挡。

首先创建图层蒙版。将一个图像拖入画面，并适当调整图像位置，单击图层面板下方的"添加图层蒙版"按钮，缩略图后面出现一个白色的框，这就是图层蒙版。

加入蒙版的图层

选择工具箱中的画笔工具，按下快捷键 D 将前景色设置为黑色，用画笔工具在画面上随意涂抹，可以看到图像被擦除掉，露出下一层的图像。

使用画笔工具涂抹后的效果

用画笔工具将当前图层全部涂抹完时，就可完全看到下一个图层中的图像。

图层全部涂抹后的效果

反之，选择工具箱中的画笔工具，将前景色设置为白色，在当前图层上随意涂抹，被白色涂抹过的地方，又恢复了之前的图层。

使用白色画笔涂抹的效果

将当前图层用白色画笔全部涂抹完，可以看到当前图层全部显现出来了。

使用白色画笔全部涂抹后的效果

已经知道了蒙版中黑白画笔的用法，下面再来了解一下灰色的效果，即半透明的蒙版遮挡。

选择工具箱中的渐变工具，设置前景色为白色，背景色为黑色，在选项栏中选择线性渐变方式。在图层上拖动出一条由上至下的渐变线，可以看到蒙版中白色的部分保留了当前图像，而黑色的部分则为下一层的图像，过渡也非常自然。

由上至下应用渐变的蒙版效果

将渐变的方向变为由右至左，渐变的长度变长，过渡更加自然。由此我们可以总结出，渐变的长短决定着图像的过渡是否自然。

由右至左应用渐变的蒙版效果

蒙版遮挡的只是一个图层，如果想要看到下一图层，可以关闭当前层，这样就能看到下一层了。

隐藏蒙版层的效果

如果想要删除蒙版，则将图层中的蒙版选中，并将其拖曳到"删除"按钮上即可删除。这时会弹出提示框，询问是否要移去之前应用到图层的蒙版。

蒙版是选择工具在图层上的重要应用，也是通道在图层上的直接表现。最重要的就是控制像素不透明的方式，对部分图像进行遮挡，而不是擦除掉，在需要时可以重新显示，它在图层调整中起着非常重要的作用。要做一个好图，熟练掌握蒙版操作的技能，是非常必要的。

可选颜色的基本操作

"可选颜色"命令主要通过分通道增加或减少特定颜色的油墨百分比，单独针对某种颜色进行调整，可以使用 RGB，CMYK 或 Lab 颜色模式。

"可选颜色"命令可以让所选颜色更饱和，是调整单个色系颜色的不错选择。该命令的主要功能是在构成图像的颜色中选择特定的颜色进行调整或者与其他颜色混合从而改变颜色。

单击"颜色"右边的下拉按钮选择颜色，在弹出的下拉列表中选择要编辑的颜色。分别有红色、黄色、绿色、青色、蓝色、洋红、白色、中性色和黑色。以对下面右图的调整为例，看一下选择不同调整颜色时的效果。

"可选颜色"对话框

原图黄颜色偏重

单击"图层"面板下方的"创建新的填充或调整图层"按钮，在弹出的菜单中单击"可选颜色"选项，在弹出的"可选颜色选项"对话框中设置颜色为"黄色"，青色为 +100%、洋红为 0%、黄色为 -100%、黑色为 0%，完成设置后单击"确定"按钮。

黄色调整后的效果

如果要把画面调整为蓝色，可以在"可选颜色选项"对话框中设置颜色为"中性色"，青色为 0%、洋红为 0%、黄色为 -100%、黑色为 0%，完成设置后单击"确定"按钮。

中性色调整后的效果

可以巧妙地使用"可选颜色"命令来调整偏色的图像，在"可选颜色选项"对话框中设置颜色为"青色"，青色为 -100%、洋红为 0%、黄色为 0%、黑色为 0%，完成设置后单击"确定"按钮。其中"方法"表示不同颜色调整浓度的计算方式。选择"相对"表示按照总量的百分比更改现有的青色、洋红、黄色和黑色油墨的百分比；选择"绝对"表示按照增加或减少的绝对值更改现有颜色。

运用"可选颜色"命令调整偏色图像

通道混合器的基本操作

"通道混合器"命令是把当前颜色通道中的图像颜色与其他颜色通道中的图像颜色按一定比例混合。通过此命令可以将彩色图像转换为黑白图像。

执行"图像 > 调整 > 通道混合器"命令，弹出"通道混合器"对话框。拖动源通道中的颜色滑块可以调节红色、绿色、蓝色三个输出通道的百分比，范围从 -200%~+200%。拖动常数滑块可以调节颜色通道的补色，左移暗化输出通道，右移亮化输入通道。

原图黄色偏重　　　　　　　"通道混合器"对话框

执行"图像 > 调整 > 通道混合器"命令，弹出"通道混合器"对话框，设置输入通道为红，设置"红色"为 50%，完成设置后单击"确定"按钮，调整后的效果偏绿。

将图像调整为绿色的效果

在弹出的"通道混合器"对话框中，设置输入通道为蓝，设置"蓝色"为 +200%，完成设置后单击"确定"按钮，调整后的效果偏紫。

将图像调整为紫色的效果

在弹出的"通道混合器"对话框中，设置输入通道为绿，设置"绿色"为 50%，完成设置后单击"确定"按钮，调整后的效果偏红。

将图像调整为红色的效果

照片滤镜的基本操作

"照片滤镜"模拟传统摄影中的有色滤镜来调整图像的颜色与色调,使图像呈现出冷色调或暖色调,效果相当于色彩平衡或曲线的调整,但其设定更符合专业人士的使用习惯。

"照片滤镜"对话框

执行"图像 > 调整 > 照片滤镜"命令,弹出"照片滤镜"对话框。勾选"保留明度"复选框,可保证使用滤镜时图像色调不会变暗。单击滤镜右侧的下拉按钮,在展开的下拉列表中有 20 种各具特色的预定颜色滤镜。拖动浓度滑块可以调整着色强度,百分比越高,浓度越大。

执行"图像 > 调整 > 照片滤镜"命令,在弹出的"照片滤镜"对话框中设置滤镜为"加温滤镜",浓度为 100%,勾选"保留明度"复选框,完成设置后单击"确定"按钮。

将图像调整为橙黄色

执行"图像 > 调整 > 照片滤镜"命令,在弹出的"照片滤镜"对话框中设置滤镜为"橙色",浓度为 100%,取消勾选"保留明度"复选框,完成设置后单击"确定"按钮。

取消"保留明度"复选框的效果

如果需要调整出蓝紫色效果,执行"图像 > 调整 > 照片滤镜"命令,在弹出的"照片滤镜"对话框中设置滤镜为"冷却滤镜(LBB)",浓度为 100%,勾选"保留明度"复选框,完成设置后单击"确定"按钮。

将图像调整为蓝紫色

第2篇
人像照片的润色技法

　　在日常生活中，拍摄题材最多的是人像照片，人物自然的表情和生动的形象能提升整个照片的效果。但是在拍摄的过程中往往因为天气、角度、拍摄水平等因素的影响，而使拍出来的照片缺乏色彩和真实感。为了还原这些照片原本的效果，需要适当对其进行修正和调整。在本篇中，选择具有一定缺陷的代表性照片，通过不同的方式将其调整为不同色调风格的作品。从现在开始，不要再为眼前不满意的照片发愁了，简单的操作即可让人像照片变得更生动，从而更具表现力。

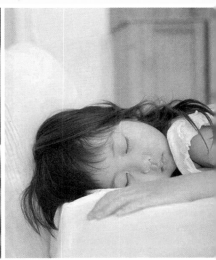

第3章
清爽的色调风格

    在人像照片中，有时构图、表情都不错，但却缺少一种能与照片相搭配的情感色调，这也会使照片显得平淡。在本章的案例中将照片整体的风格调整为清爽的色调风格，清爽的色调去除了富有情感的暖色系颜色，保持色彩纯度的统一，会让人联想到绿叶的娇嫩、水果的新鲜，塑造出健康的形象，给人一种还原真实、色彩清新的感觉。

After

Before

阳光下的男孩

技术要点 ▲ 加强画面对比度
▲ 调整局部色彩
▲ 处理光源效果

 素材：Reader\chapter3\media\阳光下的男孩.psd

最终效果：Reader\chapter3\complete\阳光下的男孩.psd

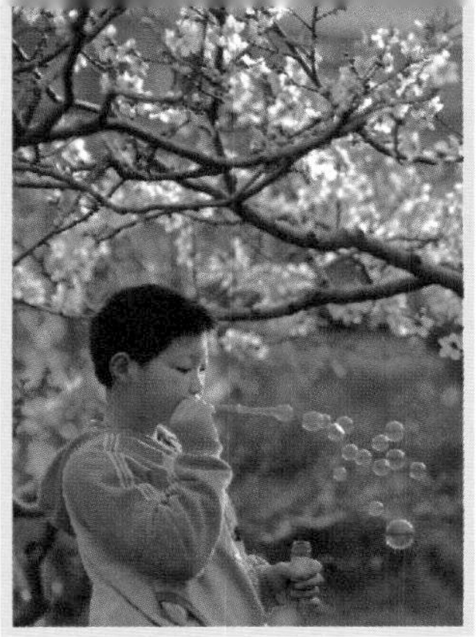

拍摄

本例中的照片是在一个春暖花开的下午拍摄的，人物的瞬间动作捕捉得比较好，构图也具有平衡感。但由于是用普通傻瓜相机拍摄的，调子偏灰，层次不够丰富，就造成了主体不突出，画面平淡，色彩也缺乏春天的艳丽，小男孩吹的泡泡也没有光泽感，这就需要我们通过调色一一解决。

调整

Step 01 使用色阶调整对比度

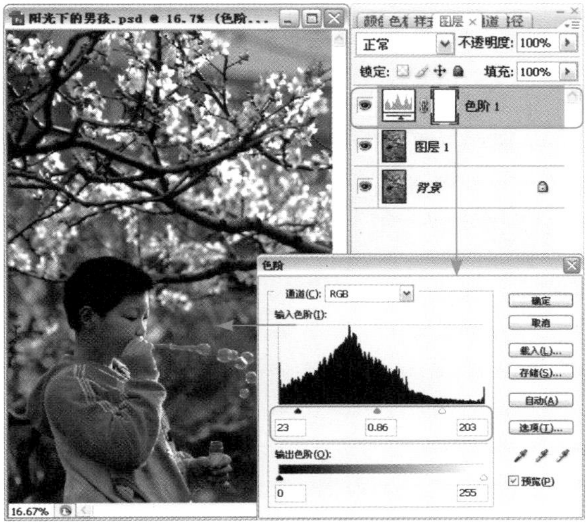

01 打开本书配套光盘中的 Reader\chapter3\media\阳光下的男孩 .psd 图像文件，选择背景图层，按下快捷键 Ctrl + J 复制背景图层，得到“图层 1”。

02 单击“创建新的填充或调整图层”按钮，在弹出的菜单中选择“色阶”命令，打开“色阶”对话框，设置“输入色阶”参数从左到右依次为 23、0.86、203，完成设置后单击“确定”按钮，将照片的对比度加强。

Think

在调整照片前，应该有一个思路，哪些地方需要加强，哪些地方需要弱化，然后按照这个思路去选择一种自己比较熟悉擅长的调整方式。只有做到心中有数，才能调出好的照片。

Step 02 使用蒙版遮盖不需要加强的部位

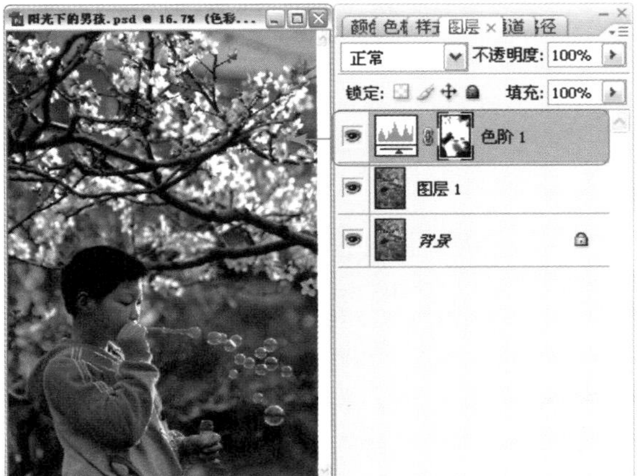

选择“色阶 1”调整图层的图层蒙版，然后单击工具箱中的画笔工具，画笔颜色设置为黑色，画笔设置为“柔角 13 像素”，在人物与桃花以外的地方涂抹。使背景模糊，画面更有层次感。

Think

使用蒙版盖去不需要加强的地方，可使用软硬不同的画笔工具，这样会使画面有层次感，过渡更自然。

Step 03 使用曲线调整层次

01 单击图层面板中的"创建新的填充或调整图层"按钮 ，在弹出的菜单中选择"曲线"命令，打开"曲线"对话框，按住曲线并向右下方移动光标，单击"确定"按钮，画面明度降低。

02 选择"曲线 1"调整图层的图层蒙版，然后单击工具箱中的画笔工具，画笔颜色设置为黑色，画笔设置为"喷枪柔边圆形 65"，在人物与桃花以外的地方涂抹，使背景明度降低，画面更有层次感。

Step 04 使用色相/饱和度调整颜色

单击图层面板中的"创建新的填充或调整图层"按钮，在弹出的菜单中选择"色相/饱和度"命令，打开"色相/饱和度"对话框，单击"编辑"右侧的下拉按钮，在弹出的列表中选择"黄色"选项，设置"饱和度"为 +30，单击"确定"按钮。再次选择"编辑"下拉列表中的"全图"选项，调整"饱和度"为 +20，单击"确定"按钮，画面颜色明亮了一些。

|Think|

　　色彩的调整在很大程度上是依据个人的喜好为衡量标准的，但是不要因为是在调色而将颜色调得过为艳丽，这样会失去照片的真实感。

Step 05 复制部分图像

按下快捷键 Ctrl + Alt + Shift + E 盖印图层，得到"图层 2"。单击工具箱中的"套索工具"按钮，选择泡泡图像，执行"选择 > 修改 > 羽化"命令，在弹出的"羽化选区"对话框中设置"羽化半径"为 100 像素，完成后单击"确定"按钮。然后按下快捷键 Ctrl+J 新建一个图层并将选区复制其中，得到"图层 3"图层。

Tip 羽化边缘可以使图像的过渡自然，羽化半径的像素越大，图像过渡得越自然。

Step 06 设置图层混合模式

01 将"图层 3"的图层混合模式设置为"柔光",泡泡的光泽透明感的效果初步显现出来了。

| Think |

　　混合模式是 Photoshop 中的难点之一,不同的图层混合模式的运算方法是不同的,所产生的混合效果也不同。可以多尝试不同的混合模式,观察不同的效果,选出自己喜爱的最终效果。

02 以同样的方式,按下快捷键 Ctrl + Alt + Shift + E 盖印图层,得到"图层 4"图层。单击工具箱中的"套索工具"按钮，选择泡泡图像,执行"选择 > 修改 > 羽化"命令,在弹出的"羽化选区"对话框中设置"羽化半径"为 100 像素,完成后单击"确定"按钮。然后按下快捷键 Ctrl+J 新建一个图层并将选区复制其中,得到"图层 5"图层。将当前层的图层混合模式设置为"滤色","不透明度"设置为 45%。

Step 07 调整色彩平衡

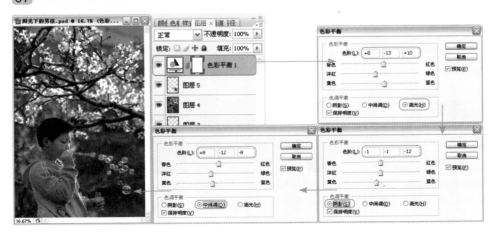

01 单击图层面板中的"创建新的填充或调整图层"按钮 ，在弹出的菜单中选择"色彩平衡"命令，打开"色彩平衡"对话框，分别设置"高光"、"阴影"与"中间调"的参数，单击"确定"按钮，将图层调整为纯度较高的色彩效果。

02 选择"色彩平衡1"调整图层的图层蒙版，然后单击工具箱中的画笔工具 ，画笔颜色设置为黑色，画笔设置为"喷枪柔边圆形65"，在泡泡以外的地方涂抹。这样泡泡就有了五彩缤纷的效果，整个画面层次分明，重点突出。至此，本照片调整完成。

| 欣赏 |

　　上面的照片是在雪地中拍摄的，虽然没有将人物的脸部拍摄完整，但是小孩的表情比较真实，人物衣服的蓝色以及围巾的红色在灰白的雪地背景中衬托得更加鲜艳。

After

童颜

技术要点 ▲ 加强人物部分亮度
　　　　　 ▲ 调整整体色调
　　　　　 ▲ 调整天空色彩

⊙ **素材**：Reader\chapter3\media\童颜.psd
　 最终效果：Reader\chapter3\complete\童颜.psd

Before

拍摄

走在乡间的小路上，偶遇一个小男孩，淳朴可爱的脸庞使我停下了脚步，按下快门。但由于是逆光拍摄，所以人物整体偏黑，照片亮度不够，这时我们可以通过调整，弥补这一不足。这张照片中重点调整的地方就是光线，光线不仅反映了照片的质量，而且还会表现出人物的表情。因此，把握好光源是拍摄的重要环节，调整好影调是后期处理的重要任务。

调整

Step 01 还原整体亮度

01 执行"文件 > 打开"命令，打开本书配套光盘中的 Reader\chapter3\media\ 童颜 .psd 文件，单击背景图层，按下 Ctrl + J 复制背景图层，得到"图层 1"。

02 单击图层面板中的"创建新的填充或调整图层"按钮，在弹出的菜单中，选择"色阶"命令，打开"色阶"对话框，在"色阶"对话框中，将中间的灰色滑标向左移动到 1.74，照片的亮度提高，完成后单击"确定"按钮。

| Think |

默认情况下，不能从图层列表的底部移动背景，除非首先将其转换为图层。

Step 02 调整整体色彩

单击图层面板中的"创建新的填充或调整图层"按钮，在弹出的菜单中选择"色彩平衡"命令，打开"色彩平衡"对话框，勾选"中间调"选项，设置"色阶"的参数为 0、0、+100，完成后单击"确定"按钮，使天空出现蓝天白云的效果。

Tip "色彩平衡"命令有三个调整选项，"阴影""中间调"与"高光"，可以对其分别进行调整。

| Think |

某些细节是需要特殊处理的，一切都通过全图调整，有时达不到最终想要的效果。在局部调色的时候，可以先对整体调整，然后使用蒙版，擦除不需要调色的部分。

Step 03 使用蒙版调整天空颜色

选择"色彩平衡 1"调整图层的图层蒙版，单击画笔工具，设置前景色为黑色，设置画笔为"柔角 17像素"，将天空以外的部分用画笔涂抹掉，这样就出现了蓝天白云的效果，而其他部分没有受到影响。经过这样的调整，照片影调恢复正常，人物清新自然。至此，本照片调整完成。

| Think |

蒙版操作是图像调整的重要辅助手段，遮挡的区域是可以自由控制的。将画笔选择为较软的笔触，可以使画面过渡更加自然。

| 欣赏 |

同样是以小孩为主体的照片，照片的效果却完全不一样，在花丛前方的小孩衣服的颜色和后边花朵的颜色相呼应，整个照片颜色饱和，孩子面部表情丰富，是值得留念的瞬间。

After

Before

熟睡的小女孩

技术要点 ▲ 增加整体饱和度
▲ 调整白色部分
▲ 增强照片的亮度

素材：Reader\chapter3\media\熟睡的小女孩.psd
最终效果：Reader\chapter3\complete\熟睡的小女孩.psd

拍摄

这张照片是在小女孩熟睡的时候拍摄的，在构图与人物表情的抓拍上来说是一张好照片。白色靠枕在画面中占据重要的位置，但却缺乏细节，白色的床单和枕套也没有层次感，使得画面的左边比较轻，画面平衡感不够，这就需要我们在后期处理中解决。

调整

Step 01 调整色彩饱和度

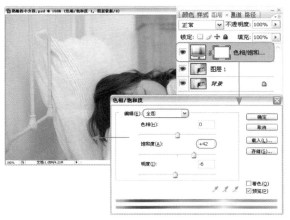

01 执行"文件 > 打开"命令，打开本书配套光盘中的 Reader\chapter3\media\ 熟睡的小女孩 .psd 文件，单击背景图层，按下 Ctrl + J 复制图层，得到"图层 1"。

02 单击图层面板中的"创建新的填充或调整图层"按钮 ，在弹出的菜单中选择"色相 / 饱和度"命令，打开"色相 / 饱和度"对话框，在"色相 / 饱和度"对话框中单击"编辑"右侧下拉按钮，在展开的列表中选择"全图"选项，调整其饱和度为 +42，完成后单击"确定"按钮，画面的色彩饱和度提高。

Step 02 调整亮度/对比度

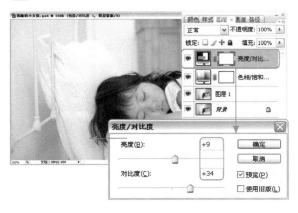

单击图层面板中的"创建新的填充或调整图层"按钮 ，在弹出的菜单中选择"亮度 / 对比度"命令，打开"亮度 / 对比度"对话框，在"亮度 / 对比度"对话框中设置"亮度"的参数为 +9，"对比度"的参数为 +34，完成后单击"确定"按钮，画面的整体对比度提高。

> **Tip**
> "亮度 / 对比度"与"曲线"、"色阶"命令所不同的是"亮度 / 对比度"命令不会改变图像的饱和度和色相，只是在调整图像的整体明暗，不能分为阴影、中间调和高光来单独调整。

Step 03 使用蒙版调整人物

选择"亮度/对比度 1"调整图层的图层蒙版，单击画笔工具 ，按下快捷键 D 键恢复前景色和背景色的默认设置，设置画笔为"柔角 100 像素"，在小女孩的头部涂抹，小女孩恢复到之前的效果。

| Think |

整体的对比度调整后，小女孩的头发与五官因为调整而缺乏了细节，就需要使用蒙版将其涂抹。

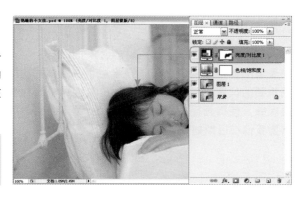

Step 04 调整局部颜色

单击图层面板中的"创建新的填充或调整图层"按钮 ，在弹出的菜单中选择"可选颜色"命令，打开"可选颜色选项"对话框，在"可选颜色选项"对话框中单击"颜色"右侧的下拉按钮，选择"红色"选项，设置"洋红"的参数为 -23%，完成后单击"确定"按钮，画面中的部分红色调减弱。

| Think |

图层具有上下的关系，上面的图层可以遮盖下面的图层，改变图层的上下关系会影响图像的最终效果。因此，在对照片进行处理时要特别注意，以免影响照片的效果。

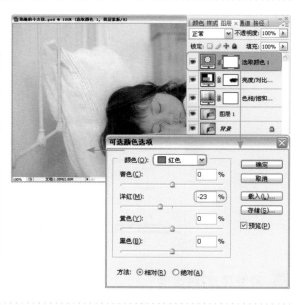

Step 05 使用蒙版调整背景

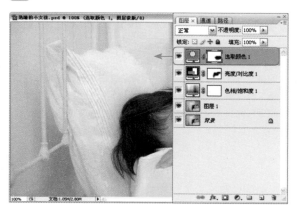

选择"选取颜色 1"调整图层的图层蒙版，单击画笔工具 ，设置画笔颜色为黑色，设置画笔为"柔角 100 像素"，在小女孩的头部与手臂上进行涂抹。经过蒙版的遮挡，使背景部分呈现偏暖的色调。

| Think |

调整局部的时候，既要考虑局部是否调整到位，同时也要考虑是否与没调整的部分过渡自然。这个操作步骤要反复尝试，笔刷的大小根据需要可以灵活地设置。

Step 06 使用色阶调整影调

01 单击图层面板中的"创建新的填充或调整图层"按钮 ⚫，在弹出的菜单中选择"色阶"命令，打开"色阶"对话框，在"色阶"对话框中设置"输入色阶"的参数为31、1.00、255，完成后单击"确定"按钮，画面的影调变得比较暗。

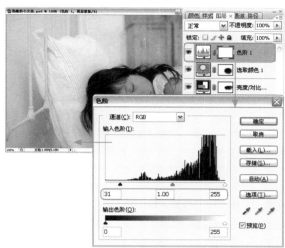

02 选择"色阶1"调整图层的图层蒙版，单击画笔工具 ✍，设置画笔颜色为黑色，设置画笔为"喷枪柔边圆形100"，在小女孩的头部与手臂上进行涂抹，使其变亮，呈现出发丝的细节。

> Tip 在使用毛笔涂抹蒙版的时候，往往需要涂抹不同深浅的灰色。一般会通过设置"不透明度"参数来实现不同深浅度的涂抹效果。但如果涂抹效果不理想，可以使用历史记录后退，有时多次修改都达不到想要的效果，这时我们可以采用以下方法：设置"不透明度"为默认的100%，涂抹后执行"编辑 > 渐隐画笔工具"命令，弹出"渐隐"对话框，重新调整参数即可。

Step 07 使用亮度/对比度调整局部

01 单击图层面板中的"创建新的填充或调整图层"按钮 ⚫，在弹出的菜单中选择"亮度／对比度"命令，打开"亮度／对比度"对话框，在"亮度／对比度"对话框中设置"亮度"的参数为+8，完成后单击"确定"按钮，画面的亮度提高。

| Think |

  白色是较难调整的颜色，在调整亮度时参数不能过高，否则白色会显得空洞。照片中白色占据大部分画面，单纯通过亮度的调整会显得没有细节。在下一步骤中将使用蒙版将其涂抹，恢复之前的效果。

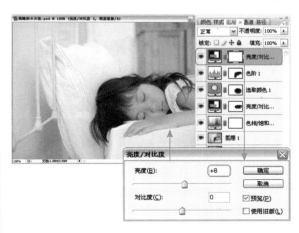

02 同样的方式，选择"亮度/对比度 2"调整图层的图层蒙版，单击画笔工具 ✎，设置画笔颜色为黑色，设置画笔为"喷枪柔边圆形 100"，在背景部分涂抹，使小女孩部分的亮度提高。

> **Tip** 使用画笔工具涂抹的时候，可按下快捷键 Shift+[键或 Shift+] 键，降低或提高画笔的硬度。

Step 08 使用色阶调整对比度

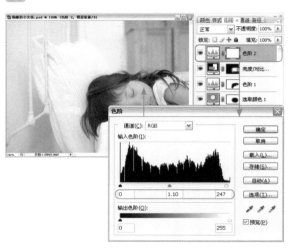

01 单击图层面板中的"创建新的填充或调整图层"按钮 ◐.，在弹出的菜单中选择"色阶"命令，打开"色阶"对话框，在"色阶"对话框中设置"输入色阶"的参数为 0、1.00、247，完成后单击"确定"按钮，画面的影调更加柔和了。

| Think |

　　在调整的过程中，如果某一个步骤的反差较大，不满意调整的效果，可退回去反复调整。特殊情况下也可以按照自己对照片的理解来操作。

02 同样的方式，选择"色阶 2"调整图层的图层蒙版，单击画笔工具 ✎，设置画笔颜色为黑色，设置画笔为"喷枪柔边圆形 100"，在背景部分涂抹，使小女孩部分的亮度提高。

| Think |

　　在图层蒙版中使用画笔进行编辑时，使用不同的画笔得到的效果会有一定的差异。使用尖角的画笔绘制，隐藏图像的边缘会显得比较生硬；使用柔角画笔绘制，相对来说会较为柔和。

　　画面中大量的白色对于摄影师或后期制作者来说都是较大的考验。白色是比较难把握的颜色之一，如果调整得过亮，会使照片偏白发灰；如果调整得过暗，白色的暗部会有一些噪点，而且颜色过深也失去了白色本身的意义。云朵的调整就是一个例子，在后面的风景照片调整中会一一讲解。

Step 09 使用可选颜色调整局部

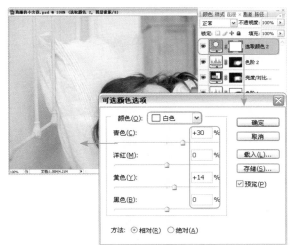

02 同样的方式，选择"可选颜色 2"调整图层的图层蒙版，单击画笔工具 ✎，设置画笔颜色为黑色，设置画笔为"喷枪柔边圆形 200"，对背景部分涂抹。至此，本照片调整完成。

01 单击图层面板中的"创建新的填充或调整图层"按钮 ⬮，在弹出的菜单中选择"可选颜色"命令，打开"可选颜色选项"对话框，在"可选颜色选项"对话框中单击"颜色"右侧的下拉按钮，选择"白色"选项，设置"青色"的参数为 +30%，"黄色"的参数为 +14%，完成后单击"确定"按钮。

> **Tip** 该步骤是通过对"可选颜色"中"白色"的细微调整，将主体提亮，与背景稍作区分。

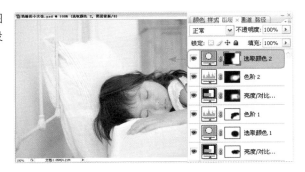

After

Before

 甜美的微笑

技术要点 ▲ 限定调整范围

▲ 增加整体饱和度

▲ 阴影与中间调调整

素材：Reader\chapter3\media\甜美的微笑.psd

最终效果：Reader\chapter3\complete\甜美的微笑.psd

▌拍摄

本例中的照片是在草地上拍摄的，午后的阳光下小女孩在自由玩耍，抓住微笑的瞬间，按下快门。照片曝光稍显过度，影调较灰，在后期处理中需要增大反差，提高色彩的饱和度，让照片充满生机。

▌调整

Step 01 复制背景图层

执行"文件 > 打开"命令，打开本书配套光盘中的 Reader\chapter3\media\甜美的微笑.psd 文件，单击背景图层，按下 Ctrl + J 复制图层，得到"图层 1"。

Step 02 使用亮度/对比度调整对比度

01 单击图层面板中的"创建新的填充或调整图层"按钮，在弹出的菜单中选择"亮度 / 对比度"命令，打开"亮度 / 对比度"对话框，在"亮度 / 对比度"对话框中设置"对比度"的参数为 +20，完成后单击"确定"按钮，画面的对比度提高。

> **Tip** 初步调整图像对比度时可以使用"自动对比度"调整。执行"图像 > 调整 > 自动对比度"命令即可。

02 以同样的方式，选择"亮度 / 对比度 1"调整图层的图层蒙版，单击画笔工具，按下快捷键 D 键恢复前景色和背景色的默认设置，设置画笔为"喷枪柔边圆形 200"，在小女孩头发上进行涂抹。

Step 03 使用色阶调整局部

01 单击图层面板中的"创建新的填充或调整图层"按钮 ，在弹出的菜单中选择"色阶"命令，打开"色阶"对话框，在"色阶"对话框中设置"输入色阶"的参数为 18、0.90、255，完成后单击"确定"按钮，画面的阴影与中间调加强。

| Think |

该步骤是为了调整小女孩的衣服部分，在色阶的调整中只需调整其阴影与中间调部分，高光为白色，不用调整。经过调整，衣服的细节更加清晰，提高了照片的质量。

02 选择"色阶 1"调整图层的图层蒙版，单击画笔工具 ，设置画笔颜色为黑色，设置画笔为"喷枪柔边圆形 100"，在小女孩衣服以外的部分涂抹。

| Think |

使用"色阶"对话框中的通道，可以针对 RGB 中任何一种颜色调整图像的阴影、中间调或高光的强度级别，也可对局部偏色的部分进行调整。

Step 04 调整整体色相/饱和度

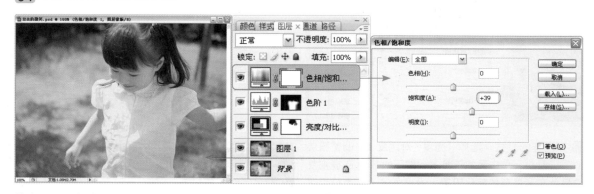

单击图层面板中的"创建新的填充或调整图层"按钮 ，在弹出的菜单中选择"色相/饱和度"命令，打开"色相/饱和度"对话框，在色相/饱和度对话框中设置"饱和度"的参数为 +39，完成后单击"确定"按钮，画面的色彩饱和度提高。

| Think |

在调整的过程中，色彩的饱和度不能调得过高，这是初学者比较容易犯的错误。首先饱和度过高会失去原景物的真实感，其次饱和度过高会使照片产生色斑，画面质量大为降低。

Step 05 局部曲线调整

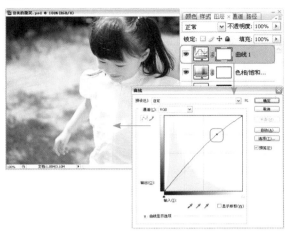

01 单击图层面板中的"创建新的填充或调整图层"按钮 ，在弹出的菜单中选择"曲线"命令，打开"曲线"对话框，拖动鼠标将控制点向上移动，完成后单击"确定"按钮，画面变亮了。

> **Tip** "曲线"的快捷键为 Ctrl+ M，"曲线"面板上有三个吸管，专门用来设置图像中的阴影、高光和中间调。如果画面中某个景物为阴影或高光，可以用黑色吸管或白色吸管单击景物，直接就可设置黑白场。

02 选择"曲线 1"调整图层的图层蒙版，单击画笔工具 ，设置画笔颜色为黑色，设置画笔为"喷枪柔边圆形 65，在小女孩头发以外的部分涂抹。

| Think |

经过曲线的调整，小女孩的头发亮起来，可以清晰地分辨出发丝，不会因受顶光的影响而显得比较黑。

Step 06 使用可选颜色调整色调

单击图层面板中的"创建新的填充或调整图层"按钮 ，在弹出的菜单中选择"可选颜色"命令，打开"可选颜色选项"对话框，在"可选颜色选项"对话框中，单击"颜色"右侧的下拉按钮，选择"黄色"选项，设置"黄色"的参数为 +36%，完成后单击"确定"按钮，照片中的黄色调更加明显。至此，本照片调整完成。

照片是在室内拍摄的，小孩正在玩耍的神态被抓拍得很好，从静态的画面中体现出一定的动感，色彩感很温馨。

第4章

现代的色调风格

    数码照片的风格多种多样，如今一些电影中的特殊效果也可以通过后期制作而形成。本章案例中将照片的整体风格调整为现代的色调风格，给人一种敏锐的、理性的感觉，它不会像浪漫色调那样柔美朦胧，主要以无彩色或冷色系为基调，将照片调整为电影胶片或 LOMO 的感觉。

After

Before

电影场景

技术要点 ▲ 转换色彩模式调整色彩
▲ 调出柔和效果
▲ 景深效果的调整

素材：Reader\chapter4\media\电影场景.jpg
最终效果：Reader\chapter4\complete\电影场景.psd

拍摄

　　本例中的照片是在草丛中拍摄的，采用俯视的角度，人物的造型与画面构图拍摄得比较到位。在后期的处理中，可以通过转换色彩模式式加入高深电影场景的效果，从而改变画面的风格。

调整

Step 01 转换色彩模式

01 执行"文件 > 打开"命令，打开本书配套光盘中的 chapter4\media\电影场景.jpg 文件，单击背景图层，按下快捷键 Ctrl+J 复制图层，得到"图层 1"。

02 执行"图像 > 模式 >Lab 模式"命令，将图像模式转化为 Lab 模式。

> **Tip** Lab 以一个亮度通道和 a，b 两个颜色通道来记录颜色；RGB 以红绿蓝三个通道的 256 灰阶来合成颜色。

Step 02 复制蓝色通道加强蓝色

执行"窗口 > 通道"命令，弹出"通道"面板，选择 a 通道，按下快捷键 Ctrl+A 全选，然后按下快捷键 Ctrl+C 复制，单击 b 通道，按下快捷键 Ctrl+V 将其粘贴。

> **Tip** 复制粘贴 a 通道，可以使画面偏蓝。

Step 03 还原色彩模式

执行"图像 > 模式 >RGB 模式"命令，弹出提示框，单击"不拼合"按钮，将图像转化为 RGB 模式。

> **Tip** RGB 模式拥有比其他颜色模式更宽广的颜色范围，RGB 模式下的图像可以使用所有的工具、调整命令以及滤镜，并且支持多个图层，而其他模式会受到一定的限制，所以处理照片时最好使用 RGB 模式。

Step 04 设置图层混合模式

单击"图层 1"图层，按下快捷键 Ctrl+J 将当前图层复制一层，得到"图层 1 副本"图层，在图层面板中将图层混合模式设置为"柔光"，"不透明度"为 70%。

Tip "柔光"模式的混合效果最为柔和，在保留基色高光和暗调的同时产生更精细的效果色。

Step 05 选择局部调整

单击"图层 1 副本"图层，复制一层，得到"图层 1 副本 2"图层，单击工具箱中的椭圆选框工具，框选脸部和手，执行"选择 > 修改 > 羽化"命令，设置"羽化半径"为 70 像素，完成后单击"确定"按钮，然后按下 Delete 键将选区删除。再复制图层，并设置图层混合模式为"正片叠底"，完成后再复制图层，得到"图层 2"。

Tip 羽化选区的快捷键为 Alt+Ctrl+D，羽化可用于虚化选区的边缘，以达到比较柔和的过渡效果，羽化半径越大，边缘越柔和。

Step 06 调整画面色彩

单击图层面板中的"创建新的填充或调整图层"按钮，在弹出的菜单中选择"色相/饱和度"命令，弹出"色相/饱和度"对话框，设置全图的"色相"为 +180，完成后单击"确定"按钮，然后执行"滤镜 > 模糊 > 高斯模糊"命令，设置"半径"为 4 像素，然后将图层混合模式设置为"柔光"，"不透明度"为 80%。至此，本照片调整完成。

Tip 在打开的"色相/饱和度"对话框中按住 Alt 键，"取消"按钮变为"复位"按钮。单击"复位"按钮，则取消"色相/饱和度"对话框中的设置，从而不必一一拖动滑块还原。

After

Before

跳跃

技术要点 ▲ 调整画面色调
　　　　　　▲ 特殊光源的处理
　　　　　　▲ 强调中间部分

  素材：Reader\chapter4\media\跳跃.psd
　　　　最终效果：Reader\chapter4\complete\跳跃.psd

拍摄

本例中的照片是在较为简单的背景下拍摄的，画面富有新意，表现人物跳跃的瞬间，充满戏剧性。但是照片的效果比较生活化，通过后期处理将其调整为暗调的感觉，为照片添加一丝神秘感。

调整

Step 01 复制背景层

执行"文件 > 打开"命令，打开本书配套光盘中的 Reader\chapter4\media\跳跃.psd 文件，单击背景图层，按下快捷键 Ctrl+J 复制图层，得到"图层 1"。

> **Tip** 要想关闭工具箱和所有面板只要按下 Tab 键即可，若再次按下 Tab 键，可重新显示工具箱和浮动面板。

Step 02 模糊图像

执行"滤镜 > 模糊 > 高斯模糊"命令，弹出"高斯模糊"对话框，设置"半径"为 1.5 像素，完成后单击"确定"按钮。

> **| Think |**
> "高斯模糊"的半径大小是与图像的大小相关的。如果图像很小，就应将像素设置得小一点。

> **Tip** "高斯模糊"滤镜是对图像进行均匀、可控制的模糊，效果就像照相中因焦距没对准而产生的模糊效果，常用于阴影、加强前景与背景距离差、淡化图像细节等情况中，多次使用会累加效果。

Step 03 对图像去色

执行 "图像 > 调整 > 去色" 命令，将图像调整为黑白。

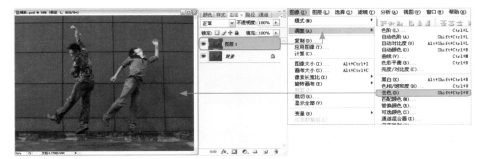

Step 04 设置图层混合模式

选择 "图层 1"，设置图层的混合模式为 "正片叠底"，
"不透明度" 为 100%。

| Think |

　　当为某一个图层设置混合模式后，使用鼠标的滑轮
向上或向下滚动，可以快速查看设置不同混合模式后的
效果。

　　在图层中，除了 "背景" 图层以外，所有的图层都
可以设置图层混合模式。

Step 05 使用减淡工具调整

01 按下快捷键 Ctrl+Alt+Shift+E 盖印图层，得到 "图
层 2" 图层。

| Think |

　　在调整的过程中，为了方便对比每一步骤之间的效
果差距，最好在编辑下一步前盖印图层。

02 单击工具箱中的减淡工具 ，设置画笔为 "喷枪
柔边圆形 100"，在人物上涂抹，提亮人物。

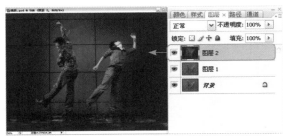

| Think |

　　由于画笔设置得比较大，在涂抹的时候直接用点击
鼠标的方式也会编辑出自然柔和的效果。

Step 06 画面对比度调整

单击图层面板中的"创建新的填充或调整图层"按钮
，在弹出的菜单中选择"亮度/对比度"选项，打
开"亮度/对比度"对话框，设置"亮度"的参数为 -12，
"对比度"的参数为 +11，完成后单击"确定"按钮，
照片亮度降低，更加协调。

Tip "亮度/对比度"命令是用来调整图像中颜色的亮
度和对比度，亮度的数值越大，图像的整体亮度就越亮。
对比度主要是图像的亮度和暗部的对比，对比度数值
越大，图像的高光部分和暗部对比就越强。

Step 07 使用曲线调整亮度

单击图层面板中的"创建新的填充或调整图层"按钮
，在弹出的菜单中选择"曲线"选项，打开"曲线"
对话框，将一个控制点向上移动，完成后单击"确定"
按钮，照片中间部分调亮。

Tip 打开"曲线"对话框后，向上调整曲线是加强当
前颜色和对比度，向下调整曲线是减弱当前颜色和对
比度。

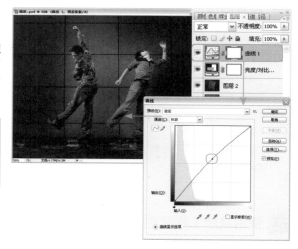

Step 08 使用色阶将画面调亮

单击图层面板中的"创建新的填充或调整图层"按钮
，在弹出的菜单中选择"色阶"选项，弹出"色阶"
对话框，设置"输入色阶"参数从左到右依次为 0、1.15、
238，完成后单击"确定"按钮，照片调亮。至此，
本照片调整完成。

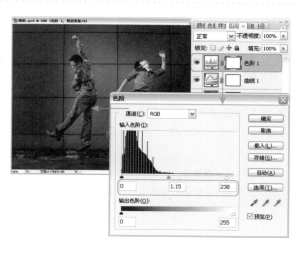

旅程

技术要点　▲ 统一画面色调
　　　　　　▲ 局部颜色调整
　　　　　　▲ 柔化背景部分

 素材：Reader\chapter4\media\旅程.jpg
最终效果：Reader\chapter4\complete\旅程.psd

▌拍摄

　　本例中的照片虽然随意自然，但是整体比较分散，没有一个统一的视点，可以通过突出部分彩色，使要表现的对象更加鲜明突出。照片是在一个车站角落拍摄的，随意的构图，没有将人物的头部拍进画面，使照片更具神秘感。照片只是将场景拍摄下来，并没有更多的意境可言，视觉比较分散，可以通过色彩的调整来使照片整体统一。

▌调整

Step 01 调整整体色调

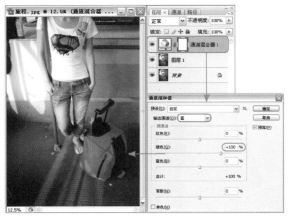

01 执行"文件 > 打开"命令，打开本书配套光盘中的 Reader\chapter4\media\旅程.jpg 图像文件，选择背景图层，按下快捷键 Ctrl+J，复制图层，得到"图层 1"。

02 单击"创建新的填充或调整图层"按钮 ，在弹出的菜单中选择"通道混合器"命令，打开"通道混合器"对话框，将"输出通道"设置为"蓝"，调整"绿色"的参数值为 + 100%，单击"确定"按钮，将整个图像的色调调整为蓝绿色调。

> **Tip** 在没有选区的情况下，按下快捷键 Ctrl+J 复制的是当前选择的整个图层，并生成新的图层；当前有选区的情况下按下快捷键 Ctrl+J，复制的是选区中的图像，并生成新图层。

| Think |

　　调整图层就好像在一个图像上方增加一个滤镜后的效果，并不会改变图像的任何像素。使用调整图层可以轻松查看调整的参数并可随时调整参数。

Step 02 使用曲线调整亮度

下面对图像的整体亮度进行调整，单击图层面板中的"创建新的填充或调整图层"按钮 ，在弹出的菜单中选择"曲线"命令，打开"曲线"对话框，按住曲线并向左上角拖动，单击"确定"按钮，经过调整增强整个画面的亮度。

> **Tip** "曲线"命令是调色的一个重要工具，可以不丢失色彩的细节来调整光线，还可以通过在"通道"下拉列表中选择其他颜色通道。

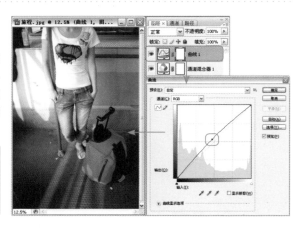

Step 03 调整指定的颜色

使用相同的方法创建"可选颜色 1"调整图层。单击
"创建新的填充或调整图层"按钮 ，在弹出的菜单
中选择"可选颜色"命令，打开"可选颜色选项"对
话框，在对话框中选择颜色为"黄色"后分别调整各
种颜色的参数，完成后单击"确定"按钮，将人物衣
服和包的鲜红色调整为橙黄色，调整后的色调和整体
的色调很协调。

Tip "可选颜色"命令可以根据调色的需要，在"颜色"
下拉列表中选择合适的颜色通道。

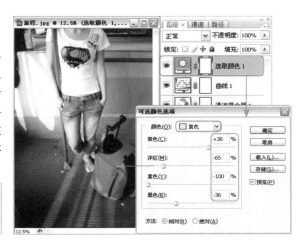

Step 04 调整画面色彩

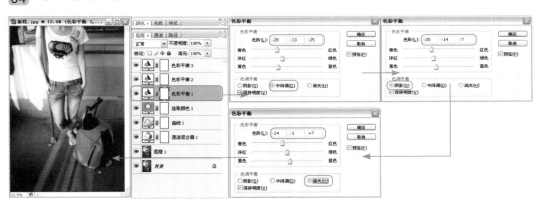

单击"创建新的填充或调整图层"按钮 ，在弹出的菜单中选择"色彩平衡"命令打开"色彩平衡"
对话框。在对话框中分别选择"中间调"、"阴影"与"高光"选项，并设置其调整参数，单击"确定"按钮，
新建三个"色彩平衡"的调整图层。经过调整，整个图像的颜色偏蓝绿色调。

Step 05 盖印图层

01 按下快捷键 Ctrl+Alt+Shift+E 盖印可见图层，生成
"图层 2"。

02 执行"滤镜 > 锐化 > 锐化"命令，将图像锐化。

| Think |

盖印可见图层是将目前画面中显示的图像盖印到
一个新图层中。可以把需要的图层信息都合并在一个图
层上，隐藏的图层并不会显示在其中。

Step 06 调整图像颜色通道的亮度

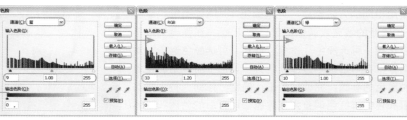

选择盖印后的"图层 2"，执行"图像 > 调整 > 色阶"命令，打开"色阶"对话框，在"通道"选项下选择"蓝"后调整色阶中的各项参数，使用相同的方法，分别选择 RGB、"绿"通道，并设置相应的参数，单击"确定"按钮。经过调整，图像中的蓝绿调增强，对比度加大，使整个画面更加富有意境。至此，本照片调整完成。

欣赏

这是一张抓拍的照片，拍下人物跳下的瞬间，整个照片感觉很自然。在色调方面调整为较为现代的灰色调，中性且富有动感。

After

Before

遥望 ━━━━━━━━━

技术要点 | ▲ 还原自然色彩
▲ 增加人物部分的清晰度
▲ 梦幻光晕效果

素材：Reader\chapter4\media\遥望.psd
最终效果：Reader\chapter4\complete\遥望.psd

拍摄

　　本例中的照片是在草地中拍摄的，采用的构图疏密有致，左边拍摄了大片草地的空间，给人以辽阔的感觉，预示着希望。但是照片色彩饱和度较弱，效果比较生活化，通过后期处理，将其调整为现代的清新感觉。

调整

Step 01　还原色彩饱和度

01 执行"文件 > 打开"命令，打开本书配套光盘中的 Reader\chapter4\media\遥望.psd 文件，单击背景图层，按下快捷键 Ctrl+J，复制图层，得到"图层 1"。

02 单击图层面板中的"创建新的填充或调整图层"按钮 ，在弹出的菜单中选择"色相 / 饱和度"命令，打开"色相 / 饱和度"对话框，选择"编辑"下拉列表中的"全图"，设置"饱和度"为 +18，然后再选择"绿色"，设置"饱和度"为 +47，完成后单击"确定"按钮，照片的饱和度提高。

Step 02　加强对比度

单击图层面板中的"创建新的填充或调整图层"按钮 ，在弹出的菜单中选择"色阶"命令，打开"色阶"对话框，将 RGB 通道的"输入色阶"参数设置为 8、1.00、248，完成后单击"确定"按钮，照片对比度加强。

| Think |

　　画面中的对比度调整，不仅可以使用"亮度 / 对比度"命令，也可以使用"色阶"命令，拖动黑场与白场的滑块进行调整。

Step 03 锐化人物

01 按下快捷键 Ctrl+Alt+Shift+E 盖印图层，得到"图层2"图层。执行"滤镜 > 锐化 > 锐化"命令，将画面锐化。

02 单击图层面板下方的"添加图层蒙版"按钮，为"图层2"添加一个图层蒙版，单击画笔工具，设置前景色为黑色，设置画笔为"柔角17像素"，在人物以外的部分涂抹。

| Think |

适当锐化人物，能够使画面的层次关系更分明，使得主题更加突出。

Step 04 点缀草地

单击画笔工具，设置前景色为 R85、G165、B34，背景色为 R150、G173、B33，设置画笔为柔角200像素，单击右上方的切换画笔调板按钮，在弹出的"画笔"面板中单击"画笔笔尖形状"选项，设置"间距"为46%，在草地上随意涂抹。

以同样的方法，单击画笔工具，设置前景色与背景色为白色，设置画笔为"柔角200像素"，单击右上方的切换画笔调板按钮，在弹出的"画笔"面板中单击"画笔笔尖形状"选项，设置"间距"为46%，在草地上随意涂抹。

| Think |

涂抹的同时可以调整画笔的大小与不透明度，以达到自然的效果。

Step 05 添加梦幻光晕效果

Photoshop 数码照片实用润色技法

该照片是在晴朗的天气下拍摄的，构图大胆，采用背对光线的形式，使人物处于背光之中。

第5章

浪漫的色调风格

数码照片中的一些情侣照片或个人照片，场景及人物都比较到位，但缺乏一些意境，只能表现出生活化的一面，想要强调一定的风格就需要进行后期的处理。在本章案例中将照片整体的风格调整为浪漫的色调风格，浪漫的色调为照片增添了气氛。在调色上可以自由搭配，通过柔化背景，突出人物，表现出一种朦胧的梦幻感觉。

After

Before

牵手

技术要点 ▲ 调整对比度

▲ 强调局部色彩

▲ 朦胧效果的调整

 素材：Reader\chapter5\media\牵手.psd

最终效果：Reader\chapter5\complete\牵手.psd

拍摄

　　本例中的照片是在秋天拍摄的，由于当时是阴天，在太阳的漫射光线下，色彩与层次感都不到位。在后期的处理中首先要解决的是对比度的问题，背景中的树叶是烘托气氛的重要静物，但是原照片中的树叶颜色较灰，后期需要增强色彩加入朦胧的感觉。

调整

Step 01 调整画面对比度

01 执行"文件 > 打开"命令，打开本书配套光盘中的 Reader\chapter5\media\牵手.psd 文件，单击背景图层，按下 Ctrl+J 复制图层，得到"图层 1"。

02 单击图层面板中的"创建新的填充或调整图层"按钮 ⊘，在弹出的菜单中选择"亮度 / 饱和度"命令，打开"亮度 / 饱和度"对话框，设置"亮度"的参数值为 +10，"对比度"的参数值为 +30，完成后单击"确定"按钮。

| Think |

　　在图层面板中重新设置调整图层的参数和在菜单中执行相关命令的不同点在于，在图层中重新设置的参数只能作用于当前调整图层。

Step 02 使用蒙版调整白色部分

选择"亮度 / 对比度"调整图层的图层蒙版，单击画笔工具 ✐，设置前景色为黑色，设置画笔为"柔角17 像素"，"不透明度"为 60%，"流量"为 70%，在人物的白色衣服部分涂抹。

| Think |

　　在调色的过程中，白色与其他的颜色不同，是比较难调整的部分，它会因调整过度而泛白，这时就需要使用蒙版将其擦除。

Step 03 使用色阶调整对比度

01 单击图层面板中的"创建新的填充或调整图层"按钮 ，在弹出的菜单中选择"色阶"命令，打开"色阶"对话框，设置 RGB 通道"输入色阶"的参数为 20、0.93、224，完成后单击"确定"按钮。

| Think |

　　在处理图像的过程中，当不再需要某个图层时应该删除它，这样可以减小图像文件的大小。

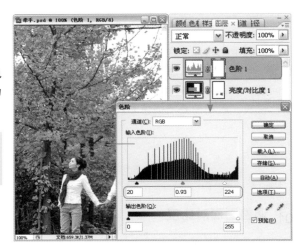

02 选择"色阶 1"调整图层的图层蒙版，单击画笔工具 ，设置前景色为黑色，设置画笔为"柔角 13 像素"，"不透明度"为 80%，"流量"为 60%，将人物的白色衣服还原成之前的效果。

Tip 在设置画笔的时候，分别对"不透明度"与"流量"进行设置，"不透明度"与"流量"的参数越小，绘制出的画面越自然。按下快捷键 Ctrl+L，打开"色阶"对话框。

Step 04 整体与局部色彩调整

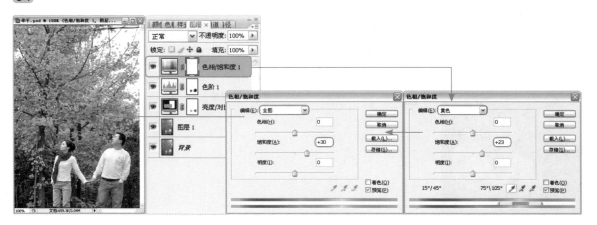

单击图层面板中的"创建新的填充或调整图层"按钮 ◎，在弹出的菜单中选择"色相／饱和度"命令，打开"色相／饱和度"对话框，选择"编辑"下拉列表中的"全图"选项，设置"饱和度"为 +30，再选择"编辑"下拉列表中的"黄色"选项，设置"饱和度"为 +23，完成后单击"确定"按钮，分别将照片中的整体颜色与黄色的饱和度提高。

| Think |

　　混合模式除了锁定的背景图层外是可以使用在任何图层上的。使用混合模式的方式都是在图层面板中的混合模式下拉列表中选择的。图层中比较特殊的形状图层和调整图层同样也可以使用图层混合模式。

Step 05 盖印图层

按下快捷键 Ctrl + Alt + Shift + E 盖印图层，得到"图层 2"图层。

Tip 如果图层较多，也可采用合并图层的方法，可多次按下 Ctrl+E 合并图层。按下快捷键 Ctrl+Shift+E 可一次性合并所有可见图层，合并图层后之前的图层不可见。

| Think |

　　调整图像的时候注意每个步骤的合理调整，需多次反复地调整才能达到最佳的效果。如需调整局部，则需盖印涂层，再单独进行调整。

Step 06 复制选区

01 选择"图层 2"，单击工具箱中的套索工具，沿着背景的树木绘制选区，然后执行"选择 > 修改 > 羽化"命令，在弹出的"羽化选区"对话框中设置"羽化半径"为 100 像素，并单击"确定"按钮。

Tip 也可以使用钢笔工具绘制路径，添加锚点时，方向线的方向必须和路径的方向一致，否则路径就会出现混乱。然后按下快捷键 Ctrl+Enter 键将路径转换为选区。选区是以虚线的形式浮动在图层上的，路径是以实线的形式显示，它不存于图层中，但却可以移动。

02 按下快捷键 Ctrl+J 将选区复制并新建一个图层，得到〝图层 3〞。

03 执行〝滤镜 > 模糊 > 高斯模糊〞命令，在弹出的〝高斯模糊〞对话框中设置〝半径〞为 1.5 像素，完成后单击〝确定〞按钮，将选取的部分模糊。

> **Tip** 在键盘上按下 V 键，切换到移动工具，按住 Alt 键拖动图层，会在图层面板中自动复制出所拖动的图层。

> **| Think |**
> 制作朦胧效果时，可以先将图像调整为模糊的效果，然后再设置图层混合模式。

Step 07 设置图层混合模式

选择〝图层 3〞，将图层面板上方的图层混合模式设置为〝柔光〞，照片中的树叶呈现一种朦胧的感觉。至此，照片调整完成。

> **| Think |**
> 滤镜的作用是十分强大的，通过滤镜可以制作出多种特殊效果。同样，将滤镜和图层混合模式搭配使用，也会出现意想不到的效果。

After

Before

海边的幸福回忆

技术要点 ▲ 调出晴朗天空

▲ 合成图像

▲ 调整海水颜色

● **素材**：Reader\chapter5\media\海边的幸福回忆.psd.蓝天白云.jpg

最终效果：Reader\chapter5\complete\海边的幸福回忆.psd

▌拍摄

　　本例中的照片是在海边拍摄的，构图与人物的抓拍都很到位，但由于天气的影响，光线不足，人物不清晰，海水与天空发灰。通过后期的调整与合成，可以还原碧海蓝天的效果。

▌调整

Step 01 使用色阶调整整体影调

01 执行"文件 > 打开"命令，打开本书配套光盘中的 Reader\chapter5\media\海边的幸福回忆.psd 文件，单击背景图层，按下 Ctrl+J 复制图层，得到"图层 1"。

02 单击图层面板中的"创建新的填充或调整图层"按钮 ⦿，在弹出的菜单中选择"色阶"命令，打开"色阶"对话框，在"通道"下拉列表中选择 RGB 选项，然后设置"输入色阶"为 0、0.97、228，完成后单击"确定"按钮，加强照片的整体影调。

> **Tip** 复制背景图层也可通过执行"图像 > 复制"命令，在弹出的对话框中输入新的名称，然后单击"确定"按钮，得到新命名的图层。

> **| Think |**
>
> 　　一张比较灰的照片，首先需要调整的是整体影调，将明暗对比调整到位，其次是色调与细节的调整。

Step 02 提高整体亮度

　　再次单击图层面板中的"创建新的填充或调整图层"按钮 ⦿，在弹出的菜单中选择"亮度 / 对比度"命令，打开"亮度 / 对比度"对话框，在弹出的对话框中设置"亮度"的参数值为 +20，"对比度"的参数值为 0，完成后单击"确定"按钮，画面的整体亮度提高。

> **Tip** "亮度 / 对比度"命令一般用于将昏暗的照片提亮，同时增加照片的明暗对比，让照片更加明快。

Step 03 加强局部颜色

01 单击图层面板下方的"创建新图层"按钮，得到"图层2"。

02 设置前景色为R2、G167、B203，按下快捷键Alt+Delete填充前景色。

03 选择"图层2"，将图层面板上方的图层混合模式设置为"颜色"，"不透明度"为20%。

> **Tip**
> 要恢复默认的前景色和背景色（黑色和白色），快捷键为D；要在两者之间互换颜色，快捷键为X。填充前景色快捷键为Alt+Delete，填充背景色的快捷键为Ctrl+Delete。

04 选择"图层2"，单击图层面板下方的"添加图层蒙版"按钮，将"图层2"转换为蒙版模式，然后单击画笔工具，设置画笔颜色为黑色，设置画笔为"柔角17像素"，在天空以外的部分涂抹。

> **| Think |**
> 在蒙版模式中编辑是通过画笔工具的涂抹，在图像上快速建立选区并调整。在照片处理中可以用这种方法对照片的局部进行编辑，可以对照片中较复杂的景物处理。与魔棒工具和路径工具相比，蒙版模式更为方便、准确。

Step 04 提高整体亮度

单击图层面板中的"创建新的填充或调整图层"按钮，在弹出的菜单中选择"亮度/对比度"命令，打开"亮度/对比度"对话框，在"亮度/对比度"对话框中，设置"亮度"的参数为+30，"对比度"的参数为0，完成后单击"确定"按钮，使画面的整体亮度再次提高。

> **| Think |**
> 将亮度滑块向右移动会增加色调值并扩展图像的高光，而将亮度滑块向左移动会减少色调值并扩展阴影。

Step 05 使用色阶加强天空影调

01 单击图层面板中的"创建新的填充或调整图层"按钮 ，在弹出的菜单中选择"色阶"命令，打开"色阶"对话框，在"通道"下拉列表中选择 RGB 选项，然后设置"输入色阶"为 0、0.85、255，完成后单击"确定"按钮，照片的影调再次加强。

> **Tip** 在色阶调整中使用吸管工具会取消之前在"色阶"或"曲线"对话框中进行的任何调整。如果打算使用吸管工具，则最好先使用它们，然后再用"色阶"滑块或"曲线"点进行微调。

02 选择"色阶 2"调整图层的图层蒙版，单击画笔工具 ，设置前景色为黑色，设置画笔为"喷枪柔边圆形 100"，将天空以外的部分用画笔涂抹，照片中的人物与背景区分开了。

Step 06 使用色阶调整人物影调

01 单击图层面板中的"创建新的填充或调整图层"按钮 ，在弹出的菜单中选择"色阶"命令，打开"色阶"对话框，在"通道"下拉列表中选择 RGB 选项，然后设置"输入色阶"为 0、1.03、228，完成后单击"确定"按钮，照片的影调变亮。

> **Tip** "色阶"命令是图像调整中一个非常重要的命令，主要针对过亮或过暗的照片进行调整。掌握该命令的操作原理可以更好地对图像进行调整。按下快捷键 Ctrl+L，弹出"色阶"对话框。按下快捷键 Ctrl+Alt+L，重复上次操作并弹出上次调整的"色阶"对话框，可以再次设置各项参数。

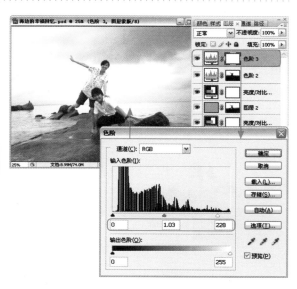

02 选择"色阶 3"调整图层的图层蒙版，单击画笔工具 ，设置前景色为黑色，设置画笔为"喷枪柔边圆形 50"，在人物以外的部分用画笔涂抹，将照片中的人物调亮。

第 5 章 浪漫的色调风格

Step 07 使用曲线调整海水部分

01 单击图层面板中的"创建新的填充或调整图层"按钮 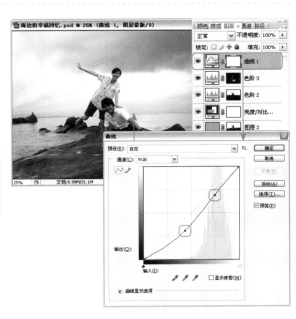，在弹出的菜单中选择"曲线"命令，打开"曲线"对话框，拖动鼠标将两个控制点向下移动，完成后单击"确定"按钮，画面变暗。

> **Tip** 调整图层是独立的图层，它的操作效果与图像调整中的调色命令基本相同，不同的是，在调整图层中执行的操作对该图层下面的所有图层都有效，并且可以反复进行操作而不会损失图像。

02 选择"曲线 1"调整图层的图层蒙版，单击画笔工具，设置前景色为黑色，设置画笔为"柔角 27像素"，将海水以外的部分用画笔涂抹，海水呈现较深的效果。

| Think |

　　为了在 Photoshop 中更方便地操作，可以根据自己的喜好设置工具、面板、菜单的快捷键。执行"编辑 > 键盘快捷键"命令，在弹出的"键盘快捷键和菜单"对话框的"快捷键用于"下拉列表中任意选择一个，然后在"应用程序菜单命令"列表框中设置快捷键即可。

Step 08 局部减淡或加深

01 按下快捷键 Ctrl＋Alt＋Shift＋E 盖印图层，得到"图层 3"图层。

02 单击减淡工具，画笔设置为"柔角 90 像素"，单击鼠标，将人物部分提亮，然后单击加深工具，画笔设置为"柔角 150 像素"，再单击鼠标，将背景部分加深，照片呈现出对比，立体感增强。

> **Tip** 加深工具可以对图像的颜色进行加深，同时又保留了图像的特征。在照片处理中可以加深部分颜色，从而达到局部变暗的效果。

Step 09 加入素材

01 执行"文件 > 打开"命令，打开本书配套光盘中的 Reader\chapter5\media\蓝天白云.jpg 文件，将其拖动到原图像中得到"图层 4"。

02 选择"图层 4"，设置图层面板上方的图层混合模式为"叠加"，"不透明度"为 100%。照片呈现出云朵的效果，但不够自然，下面继续调整。

> **Tip** 按下快捷键 Ctrl＋O，弹出"打开"对话框。在"文件类型"下拉列表中选择 psd、pdf 等相应的文档格式先搜寻，再从"文件名"列表中选择要打开的文件。

|Think|

"叠加"很好地融合了图像的色相与明度，并保留了图像的颜色特征以及图层的变化，形成自然的色彩合成效果。

Step 10 使用曲线调整柔和影调

单击图层面板中的"创建新的填充或调整图层"按钮，在弹出的菜单中选择"曲线"命令，打开"曲线"对话框，拖动鼠标将两个控制点向下移动，完成后单击"确定"按钮，画面变暗。

> **Tip** 要删除曲线的控制点，可以选中该控制点后按下 Delete 键；或者按住 Ctrl 键并单击该控制点，不能删除曲线的端点。

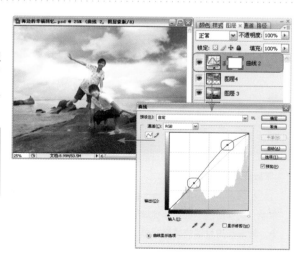

Step 11 使用色相/饱和度调整色调

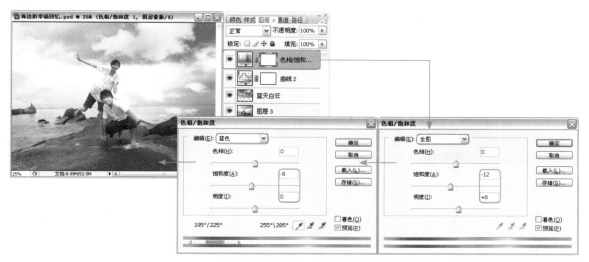

单击图层面板中的"创建新的填充或调整图层"按钮，在弹出的菜单中选择"色相/饱和度"命令，打开"色相/饱和度"对话框，单击"编辑"下拉按钮，在弹出的列表中选择"全图"选项，设置"饱和度"为 -12，"明度"为 +6，再次选择"编辑"下拉列表中的"蓝色"选项，调整"饱和度"为 -8，"明度"为 0，单击"确定"按钮，画面颜色更加自然。

Tip 天空部分调整好后，再使用蒙版调整人物与地面部分。

| Think |

按下快捷键 Ctrl+U，弹出"色相/饱和度"对话框。"色相/饱和度"命令一般用来增强照片中颜色的鲜艳度。该命令操作简单，容易控制，但是不能保持图像的对比度。

Step 12 使用蒙版调整人物与海水部分

01 单击"图层 3"，按 Ctrl + J 复制图层，得到"图层 3 副本"。按下快捷键 Ctrl+Shift+，将"图层 3 副本"调整到最上层。

02 选择"图层 3 副本"，单击图层面板下方的"添加图层蒙版"按钮，将其转化为蒙版模式，单击画笔工具，设置前景色为黑色，设置画笔为"柔角 50像素"，将人物与海水和礁石用画笔涂抹，保留天空。照片呈现自然的蓝天白云效果。

| Think |

图层之间具有上下关系，上面的图层可以遮盖下面的图层，改变图层的上下关系会影响图像的最终效果，这在对照片进行处理时要特别注意，以免影响照片的效果，此特点也广泛应用于各种图像处理中。

Step 13 加深海水颜色

03 单击橡皮擦工具，设置前景色为黑色，设置画笔为"柔角 200 像素"，将海水以外的部分擦除。照片中的海水不再是灰色了。

| Think |

在处理照片的时候，橡皮擦工具主要用于去除图像像素，画笔模式分别是画笔、铅笔、方块。

01 单击图层面板下方的"创建新图层"按钮，新建图层"图层 4"。设置前景色为 R114、G171、B185，按下快捷键 Alt+Delete 填充前景色。

| Think |

也可以运用油漆桶工具改变特定颜色区域。它在照片的处理中，多用于填充照片的局部颜色，一般不会用于处理复杂的背景。

02 设置图层混合模式为"颜色"，"不透明度"为 44%，整个画面呈现淡蓝色。

| Think |

在"图层"面板中可以调整图层的不透明度，不透明度的参数不同，得到的效果也就不同。

Step 14 提亮礁石部分

01 单击图层面板中的"创建新的填充或调整图层"按钮，在弹出的菜单中选择"色阶"命令，打开"色阶"对话框，在"通道"下拉列表中选择 RGB 选项，然后设置"输入色阶"为 9、1.15、220，完成后单击"确定"按钮，照片整体调亮。

| Think |

调整好天空与海水部分后，发现礁石部分较深，不能融入蓝天白云的氛围中，再运用色阶将其调亮。

在调整天气状态的照片中，要把握整体的效果，将人物融入到环境之中，给人以真实的效果，每一个部分都需要精细的调整。

02 选择"色阶 4"调整图层的图层蒙版，单击画笔
工具 ✏，设置前景色为黑色，设置画笔为"柔角 50
像素"，将礁石以外的部分用画笔涂抹，使礁石与整
体画面融合。至此，照片调整完成。

| Think |

　　由于色阶的整体调亮，礁石中的积水显得过白而曝
光过度，在蒙版的调整中也要将积水部分涂抹到之前的
自然效果。

| 欣赏 |

　　该照片是暖色调，柔和的色彩配上欧式的建筑，让画面看起来温馨甜蜜，
呈现出浪漫的感觉。

After

Before

 草地上的恋人

技术要点 ▲ 补充自然光源
▲ 柔化背景部分
▲ 丰富画面色彩

素材：Reader\chapter5\media\草地上的恋人.jpg
最终效果：Reader\chapter5\complete\草地上的恋人.psd

拍摄

　　本例中的照片是在草地上拍摄的。通过俯视的角度拍出了全新的构图，人物表情自然，但人物与草地的层次没有区分开，整体感觉缺乏立体感，色彩上也还需要进一步调整。在后期的处理中会重点调整层次关系与色彩饱和度。

调整

Step 01 使用色阶调整整体影调

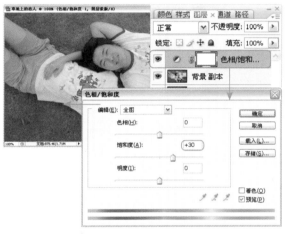

01 执行"文件 > 打开"命令，打开本书配套光盘中的 Reader\chapter5\media\草地上的恋人.jpg 文件，单击背景图层并复制图层，得到"背景副本"图层。

02 单击图层面板中的"创建新的填充或调整图层"按钮 ，在弹出的菜单中选择"色相/饱和度"命令，打开"色相/饱和度"对话框，单击"编辑"下拉按钮，在弹出的列表中选择"全图"选项，设置"饱和度"为 +30，单击"确定"按钮，画面饱和度加强。

| Think |

　　按类型，图层可以分为普通图层、背景图层、文字图层、形状图层、调整图层。背景图层只能置于图层的最底部，对背景图层不能设置混合模式，不能移动或删除，不能添加图层样式及图层蒙版。

Step 02 提高整体亮度

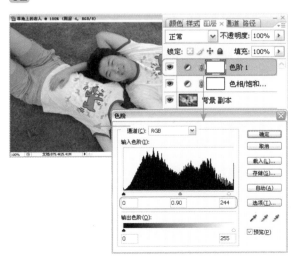

01 单击图层面板中的"创建新的填充或调整图层"按钮 ，在弹出的菜单中选择"色阶"命令，打开"色阶"对话框，在"通道"下拉列表中选择 RGB 选项，然后设置"输入色阶"为 0、0.90、244，完成后单击"确定"按钮，照片整体调亮。

Tip 也可以执行"图层 > 新建调整图层"命令新建调整图层，在弹出的级联菜单中执行所需命令即可。

02 选择"色阶 1"调整图层的图层蒙版，单击画笔工具，设置前景色为黑色，设置画笔为"柔角 100像素"，在人物的面部以及头发部分涂抹。

| Think |

　　在对图像进行操作的时候，可将图层合并，但合并后就很难再对照片进行修改。

Step 03 提高局部亮度

01 单击图层面板中的"创建新的填充或调整图层"按钮，在弹出的菜单中选择"亮度 / 对比度"命令，打开"亮度 / 对比度"对话框，在"亮度 / 对比度"对话框中，设置"亮度"的参数为 +14，"对比度"的参数为 +8，完成后单击"确定"按钮，画面的整体亮度提高。

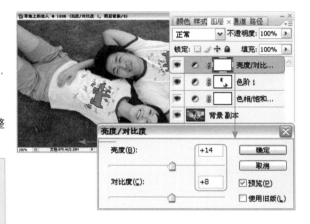

Tip 在"亮度 / 对比度"对话框中，当勾选"使用旧版"复选框时，在调整亮度时只是简单地增大或减小所有像素值。这样会导致修剪或丢失高光或阴影区域中的图像细节，因此对于高端输出，建议不要在"使用旧版"模式中使用"亮度 / 对比度"命令。

02 选择"亮度 / 对比度 1"调整图层的图层蒙版，单击画笔工具，设置前景色为黑色，设置画笔为"柔角 50 像素"，在人物的面部以及衣服部分涂抹。

Tip 选择画笔工具，在选项栏上单击"画笔"右侧的下三角按钮，再单击弹出的面板中右上角的三角按钮，会弹出扩展菜单，可选择画笔选项。

| Think |

　　在 Photoshop 中，可以随意移动工具箱和面板到不妨碍对图像进行操作的地方，也可以调整面板的大小或者隐藏部分不需要的面板。在操作中，也可以根据操作习惯来调整面板的位置，将面板拖移到合适的位置即可。

Step 04 模糊背景

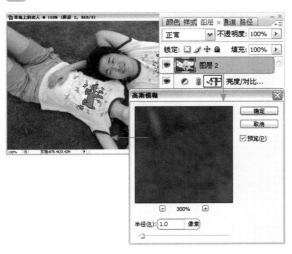

01 按下快捷键 Ctrl + Alt + Shift + E 盖印图层，得到"图层2"图层。执行"滤镜 > 模糊 > 高斯模糊"命令，打开"高斯模糊"对话框，在对话框中设置"半径"为 1.0 像素，单击"确定"按钮，照片呈现模糊的效果。

02 单击橡皮擦工具，设置画笔为"柔角 75 像素"，将人物的部分擦除掉，保留草地部分。

> **Tip** 按下快捷键 Ctrl+F 可重复执行上一次的滤镜操作，即"高斯模糊"命令，其他滤镜的操作方法相同。按下快捷键 Alt+Ctrl+F 可弹出上次应用的滤镜的参数设置对话框。

| Think |

　　将草地调整为模糊的效果，可以使人物显得鲜明突出，视觉焦点集中。

Step 05 调整层次关系

按下快捷键 Ctrl + Alt + Shift + E 盖印图层，得到"图层3"图层。单击减淡工具，设置画笔为"柔角 150 像素"，单击鼠标，将人物部分提亮，然后单击加深工具，设置画笔为"柔角 100 像素"，单击鼠标，将背景部分加深，人物与草地的层次区分开。

Step 06 加强局部颜色

单击图层面板中的"创建新的填充或调整图层"按钮，在弹出菜单中选择"色相 / 饱和度"命令，打开"色相 / 饱和度"对话框，单击"编辑"下拉按钮，在弹出的列表中选择"全图"选项，设置"饱和度"为+20，单击"确定"按钮，画面中的色彩更加艳丽。

| Think |

　　在对图像进行颜色调整的时候，颜色的参数设置决定了颜色的色相和饱和度。

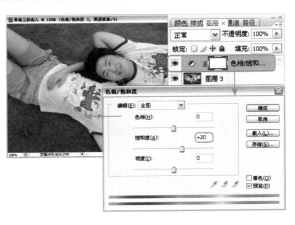

Step 07 图层混合模式设置

01 按下快捷键 Ctrl + Alt + Shift + E 盖印图层，得到"图层4"图层。设置图层混合模式为"柔光"，"不透明度"为60%。

> **Tip** 柔光模式可产生柔美梦幻的效果，但暗部缺乏层次感，在下一步骤中将使用蒙版将暗部还原。

02 选择"图层4"，单击图层面板下方的"添加图层蒙版"按钮，将其转化为蒙版模式，单击画笔工具，设置前景色为黑色，设置画笔为"柔角100像素"，在头发与画面的阴影部分涂抹，照片呈现自然的柔光效果。至此，本照片调整完成。

欣赏

感情很强烈的情侣照片中虽然没有幸福的依偎，但是通过肢体的动作却有一种别样的幸福。整个照片的调子呈暖色调，在家中拍摄的照片有了暖色调的衬托显得更加温馨。

After

Before

高原

技术要点　 还原自然光源

　　　　　　　▲ 补充光照效果

　　　　　　　▲ 加强整体色彩

素材：Reader\chapter5\media\高原.psd

最终效果：Reader\chapter5\complete\高原.psd

拍摄

本例中的照片是在高原上拍摄的，构图比较完整，将人物跳跃的动态抓拍下来，但是整张照片缺乏色彩，没有将大自然的丰富色彩表现出来，在后期的处理中需要重点进行调整。

调整

Step 01 复制图层

01 执行"文件 > 打开"命令，打开本书配套光盘中的 Reader\chapter5\media\高原.psd 文件，单击"打开"按钮，打开素材。

02 单击"背景"图层，按下快捷键 Ctrl+J 将其复制，得到"图层 1"。

> **Tip** 按下快捷键 V 切换到移动工具，按住 Alt 键拖动图层，在图层面板中会自动复制出所拖动的图层。

Step 02 调整整体亮度

单击图层面板中的"创建新的填充或调整图层"按钮，在弹出的菜单中选择"亮度 / 对比度"命令，打开"亮度 / 对比度"对话框，设置"亮度"的参数为 +39，"对比度"的参数为 0，单击"确定"按钮，画面的亮度加强。

│ Think │

照片中的调整参数没有必要死记硬背，要根据具体的画面情况而定，掌握调整思路与各项命令的具体用法才是当务之急。

> **Tip** "亮度 / 对比度"命令是调整图像色调常用的功能之一，也可以在通道中运用，通过调整亮度和对比度来增强通道的对比度，从而快速地实现图像色调的调整。

Step 03 调整画面色彩饱和度

单击图层面板中的"创建新的填充或调整图层"按钮 _{●.}，在弹出的菜单中选择"色相/饱和度"命令，打开"色相/饱和度"对话框，选择"编辑"下拉列表中的"全图"选项，设置"饱和度"为 +40，然后选择"编辑"下拉列表中的"蓝色"选项，设置"饱和度"为 +32，完成后单击"确定"按钮，分别将照片的整体与蓝色的饱和度提高。

> Tip 在"色相/饱和度"对话框中的"编辑"选项下可以选择各通道，对各通道的色相、饱和度、明度进行调整。默认状态为"全图"。勾选"着色"复选框可以对图像着色。

Step 04 使用色阶加强天空影调

① 使用相同的方式创建"色阶 1"调整图层。单击图层面板中的"创建新的填充或调整图层"按钮 _{●.}，在弹出的菜单中选择"色阶"命令，打开"色阶"对话框，单击"通道"下拉按钮，选择 RGB 选项，然后设置"输入色阶"为 20、0.74、255，完成后单击"确定"按钮。

> Tip 调整色阶中的黑场滑块，可以使画面中暗部对比度加强，天空的层次更加丰富。

| Think |

　　Photoshop 中大部分工具的属性设置都显示在属性栏，属性栏位于菜单栏的下方。当用户选中工具箱中的某个工具时，工具属性栏就会变成相应工具的属性设置，用户可以很方便地利用它来设定工具的各种属性。

第 5 章 浪漫的色调风格

107

02 选择"色阶 1"调整图层的图层蒙版，单击画笔工具，设置前景色为黑色，设置画笔为"喷枪柔边圆形 45"，将天空以外的部分用画笔涂抹，照片中天空影调加强。

| Think |

蒙版状态下，前景色和背景色自动恢复为系统默认状态，即黑色与白色。

Step 05 添加镜头光晕

01 按下快捷键 Ctrl + Alt + Shift + E 盖印图层，得到"图层 2"图层。

02 执行"滤镜 > 渲染 > 镜头光晕"命令，打开"镜头光晕"对话框，在弹出的对话框中设置"亮度"为 100%，选择"50～300 毫米变焦"选项，单击"确定"按钮，画面中呈现出阳光照耀的效果。

Tip 镜头光晕的调整可产生太阳光照的效果，但是亮度值不可过大，否则会使整个画面泛白。

Step 06 使用可选颜色调整局部色彩

单击"创建新的填充或调整图层"按钮，在弹出的菜单中选择"可选颜色"命令，打开"可选颜色选项"对话框，在对话框中选择颜色为"绿色"，分别设置"青色"的参数为 +21%，"洋红"的参数为 +12%，"黄色"的参数为 -4%，"黑色"的参数为 0%；接着在对话框中选择颜色为"蓝色"，分别设置"青色"的参数为 +40%，"洋红"的参数为 +14%，"黄色"的参数为 -1%，"黑色"的参数为 0%。完成后单击"确定"按钮，通过对画面颜色的单独调整，画面更加协调。

Step 07 调整画面饱和度

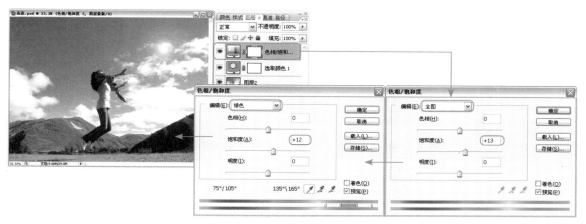

单击图层面板中的"创建新的填充或调整图层"按钮 ◯.，在弹出的菜单中选择"色相/饱和度"命令，打开"色相/饱和度"对话框，选择"编辑"下拉列表中的"全图"选项，设置"饱和度"为 +13，再选择"编辑"下拉列表中的"绿色"选项，设置"饱和度"为 +12，完成后单击"确定"按钮，分别将照片的整体与绿色的饱和度提高。

> **Tip** "色相/饱和度"命令可以对个别色调整，"可选颜色"命令也可以，并且它的调整范围更加精确。

Step 08 加深山脉层次

01 单击图层面板中的"创建新的填充或调整图层"按钮 ◯.，在弹出的菜单中选择"色阶"命令，打开"色阶"对话框，设置 RGB 通道的"输入色阶"的参数为 17、1.10、255，完成后单击"确定"按钮。

02 选择"色阶 2"调整图层的图层蒙版，单击画笔工具 ✎.，设置前景色为黑色，设置画笔为"喷枪柔边圆形 100"，将左边山脉以外的部分用画笔涂抹，照片中山脉的影调加强。

> **Tip** 按下快捷键 B 切换到画笔工具。使用画笔工具时，按住 Alt 键画笔可切换为吸管工具，在画面吸取颜色后松开 Alt 键，吸管工具即恢复为画笔工具。

第 5 章 浪漫的色调风格

109

Step 09 调整山脉层次

01 按下快捷键 Ctrl+Alt+Shift+E 盖印图层,得到"图层 3"图层。

02 执行"滤镜 > 模糊 > 高斯模糊"命令,打开"高斯模糊"对话框,在对话框中设置"半径"为 1.5 像素,单击"确定"按钮,画面出现模糊的效果。

> **Tip** 盖印可见图层,即将可见图层合并到新的图层,原可见图层保持不变。执行盖印可见图层命令,还可以按住 Alt 键的同时单击图层面板右上方的快捷按钮 ，在弹出的快捷菜单中单击"合并可见图层"命令即可。

03 单击图层面板下方的"添加图层蒙版"按钮 ，为"图层 3"添加一个图层蒙版,然后单击画笔工具 ，设置前景色为黑色,设置画笔为"柔角 100 像素",用画笔在中间山脉以外的地方涂抹,画面中山脉之间的层次感显现出来。

> **Tip** 在图层蒙版的缩览图上右击,在弹出的快捷菜单中单击"停用图层蒙版"命令,可以停用图层蒙版对图层的作用,在快捷菜单中单击"启用图层蒙版"命令,可以恢复图层蒙版效果。

Step 10 再次加强画面饱和度

画面的饱和度还是欠缺,再次单击图层面板中的"创建新的填充或调整图层"按钮 ,在弹出的菜单中选择"色相 / 饱和度"命令,打开"色相 / 饱和度"对话框,选择"全图"选项,设置"饱和度"为 +11,选择"黄色"选项,设置"饱和度"为 +9,选择"绿色"选项,设置"饱和度"为 +7,完成后单击"确定"按钮,将照片的饱和度提高。至此,本照片调整完成。

第6章
颓废的色调风格

　　颓废的色调风格也可以在数码照片中表现出来，在照片的选择上要看是否充满忧郁气氛，如果照片选择不到位，即使色调调整的很出色，但还是不能调出颓废的风格。色调方面主要以暗灰或冷色调为主，明度比较低。如果以黑色或灰色为背景色，即使其他颜色比较暗，也能衬托出色彩搭配的美妙。在本章中集中介绍了调整颓废效果的方法，可以根据照片带来的感觉选择合适的调整方法。

After

Before

怀旧海边风景

技术要点 ▲ 调整主色调
▲ 表现怀旧色彩
▲ 暗化边缘

素材：Reader\chapter6\media\怀旧海边风景.psd
最终效果：Reader\chapter6\complete\怀旧海边风景.psd

▌拍摄

　　本例中的照片是在海边拍摄的，构图完整，景色层次清晰，以人物为视觉中心点。拍摄的是一个人物的背影，虽然在碧空之下，但也流露出一种孤独与落寞。我们可以通过调色将这种气氛表达得更到位，将照片调整为忧郁的蓝绿色调。

▌调整

Step 01 调整整体色调

01 执行"文件 > 打开"命令，打开本书配套光盘中的 Reader\chapter6\media\怀旧海边风景 .psd 文件，单击背景图层，按下快捷键 Ctrl+J 复制图层，得到"图层 1"。

| Think |

　　复制图层是一个良好的习惯，以便随时观察调整后的对比效果，而且在调整过程中，如果出现了错误，也不影响原图的效果。

02 单击图层面板下的"创建新图层"按钮 ，得到"图层 2"图层，设置前景色为 R4、G4、B167，完成后单击"确定"按钮，选择图层面板中的图层混合模式为"排除"，"不透明度"为 50%，将图层调整为蓝绿色调。

> **Tip** "排除"模式产生柔和且偏灰的效果，通过图层混合模式调整整体色调是比较好的方式。

Step 02 调整画面层次

按下快捷键 Ctrl+Alt+Shift+E 盖印图层，得到"图层 3"图层。执行"图像 > 调整 > 去色"命令，将照片调整为灰色，设置图层面板中的图层混合模式为"柔光"，将图层的层次调整得更加清晰。

Step 03 使用曲线调整

单击图层面板中的"创建新的填充或调整图层"按钮，在弹出的菜单中选择"曲线"命令，打开"曲线"对话框，将控制点向右下方移动，完成后单击"确定"按钮，照片的对比度增加。

| Think |

可以看到图像变暗了，曲线的控制点上下移动，主要作用是调整图像的整体明暗。

Step 04 渐变填充

单击图层面板中的"创建新图层"按钮，新建一个图层，得到"图层 4"图层，然后单击工具箱中的"渐变工具"按钮，选择选项栏中的"径向渐变"按钮，设置"前景色"与"背景色"分别为"黑色"与"白色"，由画面中心向四周拖动光标，绘制一个四周深中间亮的渐变，照片就有了纵深感。至此，本照片调整完成。

| Think |

通过径向渐变的填充来衬托背景，是调整照片常用的一种形式。它可以使人的视线集中，也会让照片充满意境。但需要注意的是不能填充过度，那样会使照片过黑，从而不清晰。

After

Before

麦地里的侧影 ——

技术要点 ▲ 还原黄昏色彩
▲ 加强逆光效果
▲ 锐化强调主体

素材：Reader\chapter6\media\麦地里的侧影.psd
最终效果：Reader\chapter6\complete\麦地里的侧影.psd

拍摄

　　本例中的照片是在麦地里趁落日之时拍摄的逆光照片，照片的构图完整，但是人物轮廓还不够清晰，没有将逆光下发丝的细节呈现出来，橙黄落日的唯美感觉没有完全展现出来，整个色调较为灰暗需要在后期处理时逐一调整。

调整

Step 01 调整色彩饱和度

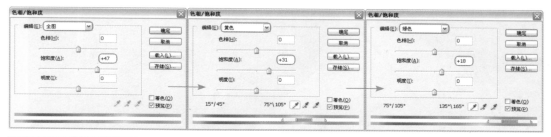

01 执行"文件 > 打开"命令，打开本书配套光盘中的 Reader\chapter6\media\麦地里的侧影.psd 文件，单击背景图层，按下快捷键 Ctrl+J 复制图层，得到"图层 1"。

02 单击图层面板中的"创建新的填充或调整图层"按钮 ，在弹出的菜单中选择"色相／饱和度"命令，打开"色相／饱和度"对话框，分别设置"全图"的"饱和度"参数为 +47；设置"黄色"的"饱和度"为 +31；设置"绿色"的"饱和度"为 +18，完成后单击"确定"按钮，照片呈现橙黄色调。

Step 02 加强逆光效果

单击图层面板中的"创建新的填充或调整图层"按钮 ，在弹出的菜单中选择"色阶"命令，打开"色阶"对话框，设置 RGB 通道的"输入色阶"参数为 0、1.08、237，完成后单击"确定"按钮，照片的逆光光源加强，呈现一种朦胧梦幻的感觉。

> Tip 在"色阶"对话框中要手动调整阴影和高光时，可将黑色和白色"输入色阶"滑块拖移到直方图的任意一端的第一组像素的边缘。

Step 03 使用曲线调整暗部

单击图层面板中的"创建新的填充或调整图层"按钮，在弹出的下拉列表中选择"曲线"命令，打开"曲线"对话框，将控制点向上移动，完成后单击"确定"按钮，照片的整体光源加强。

| Think |

　　调整曲线是为了将暗部稍微调亮，这样暗部才不会过黑而没有内容，但是经过调整后照片的上半部分过亮，在下一步的调整中就使用蒙版将不需要调亮的部分涂抹。

　　对细节进行调整时，应该注意绘画涂抹的参数设置，尽量不要损失照片的细节。

Step 04 蒙版调整

单击"曲线 1"调整图层中的图层蒙版，单击画笔工具，设置前景色为黑色，设置画笔为"喷枪柔边圆形 300"，用画笔在暗部以外的部分涂抹。

| Think |

　　选择画笔时，可选择较大的软画笔，用较为随意的方式涂抹，这样片子会比较自然。

Step 05 锐化人物部分

01 按下快捷键 Ctrl＋Alt＋Shift＋E 盖印图层，得到"图层 2"图层。

| Think |

　　如需编辑局部，首先要盖印图层，然后在盖印的图层上选取局部进行编辑。

　　图层可以随意移动，每一个图层的图像都可以整体进行移动，并且可以向任意方向进行独立的移动来改变图层在图像上的位置。图层都是独立的，在一个图层上进行绘制的时候，这个操作只对当前的图层起作用。

02 选择"图层 2"图层，单击套索工具 ，沿着人物的面部创建一个选区，然后执行"选择 > 修改 > 羽化"命令，弹出"羽化选区"对话框，设置对话框中的"羽化半径"为 60 像素，完成后单击"确定"按钮。

| Think |

　　在调整中羽化半径的像素越大，边缘越模糊，调整出的图像就越自然。

03 按下快捷键 Ctrl+J，将选区复制并新建一个图层，得到"图层 3"图层。

04 执行"滤镜 > 锐化 >USM 锐化"命令，在弹出的"USM 锐化"对话框中设置"数量"为 24%，"半径"为 1.5 像素，"阈值"为 0 色阶，完成后单击"确定"按钮。

Tip 按住 Alt 键的同时单击已隐藏图层的"指示图层可视性"按钮，即可隐藏其他图层，从而只显示当前这个图层。

Step 06 使用曲线调整局部

01 单击图层面板中的"创建新的填充或调整图层"按钮 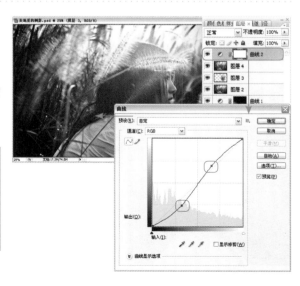，在弹出的菜单中选择"曲线"命令，打开"曲线"对话框，在"曲线"对话框中将两个控制点分别向反方向移动，完成后单击"确定"按钮，整个照片的影调加强。

Tip 按住 Ctrl++ 键可使图像显示持续放大，但窗口不随之放大，按住 Ctrl+- 键可使图像显示持续缩小，但窗口不随之缩小；按住 Ctrl+Alt++ 键可使图像显示持续放大，且窗口随之放大，按住 Ctrl+Alt+- 键可使图像显示持续缩小，且窗口随之缩小。

02 单击"曲线2"调整图层中的图层蒙版，单击画笔工具 ✐，设置前景色为黑色，设置画笔为"喷枪柔边圆形200"，用画笔在人物脸部以外的部分涂抹。

| Think |

将图层蒙版保存为通道，可以在删除或应用蒙版后起到一个备份的作用，在删除或者应用图层蒙版后既可以重新载入蒙版选区进行操作，也可以从通道中载入进行操作。

Step 07 柔和光线

单击图层面板中的"创建新的填充或调整图层"按钮 ✐.，在弹出的菜单中选择"色相/饱和度"命令，打开"色相/饱和度"对话框,将"全图"的"饱和度"降低为 -9，完成后单击"确定"按钮，整个照片的饱和度降低，光线柔和。至此，本照片调整完成。

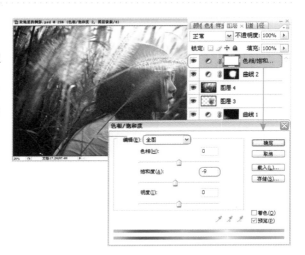

| 欣赏 |

在大自然中，不同时间段所拍摄的照片给人的感觉是不一样的。这是一张早上拍摄的照片，天空很蓝，一望无际的草原给人很辽阔的感觉。由于高原的天气很不错，照片中色彩的饱和度很高，因此画面中的颜色很纯，很浓。

火车边

技术要点 | ▲ 光线的补充
▲ 添加怀旧气氛
▲ 加强阴影及中间调

◎ **素材**：Reader\chapter6\media\火车边.psd
最终效果：Reader\chapter6\complete\火车边.psd

▌拍摄

　　本例中的照片是在火车边拍摄的，火车附近是许多摄影爱好者喜欢拍摄的地点之一，它便于取景，透视关系明显。照片的构图完整，但光源的捕捉不到位，画面较灰，在后期的处理中需要进行调整。

▌调整

Step 01 调整整体亮度和对比度

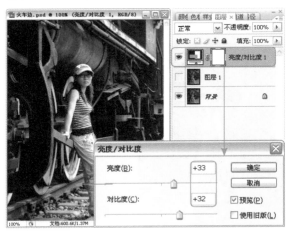

01 执行"文件 > 打开"命令，打开本书配套光盘中的 R4eader\chapter6\media\ 火车边 .psd 文件，单击背景图层，按下快捷键 Ctrl+J 复制图层，得到"图层 1"。

02 单击图层面板中的"创建新的填充或调整图层"按钮 ，在弹出的菜单中选择"亮度 / 对比度"命令，打开"亮度 / 对比度"对话框，设置"亮度"的参数为 +33，"对比度"的参数为 +32，完成后单击"确定"按钮，照片的对比度提高。

| Think |

　　通过"亮度 / 对比度"的调整使画面的对比度加强，但背景颜色过深，在下一步中将使用蒙版进行调整。

Step 02 使用蒙版调整背景部分

选择"亮度 / 对比度 1"调整图层的图层蒙版，单击画笔工具 ，设置前景色为黑色，设置画笔为"柔角 21 像素"，在照片中火车的暗部涂抹。

| Think |

　　由于对比度加强后，部分暗部显示为黑色，这样片子缺乏立体感，则需用蒙版将其涂抹，显示出暗部的细节。

Tip 创建图层蒙版只需单击图层面板下方的"创建图层蒙版"按钮即可。创建矢量蒙版只需再次单击按钮即可。但是如果只需创建矢量蒙版，可以选择图层后，按住 Ctrl 键单击"创建图层蒙版"按钮即可创建矢量蒙版。

Step 03 使用色阶调整整体影调

01 单击图层面板中的"创建新的填充或调整图层"按钮，在弹出的菜单中选择"色阶"命令，打开"色阶"对话框，设置 RGB 通道的"输入色阶"参数为19、1.24、247，完成后单击"确定"按钮。

 "输入色阶"表示输入色阶的黑场、白场、灰场的数值。"输出色阶"表示输出的黑场、白场数值。

02 选择"色阶 1"调整图层的图层蒙版，单击画笔工具，设置前景色为黑色，设置画笔为"柔角 21像素"，在照片中火车的暗部涂抹。

Tip 只有在背景层不被锁定的状态下才能创建图层蒙版。

| Think |

在图层蒙版中，黑色的区域表示被隐藏的区域，白色的区域表示显示的区域，灰色的区域则是带有羽化或半透明的区域。

Step 04 使用蒙版调整背景部分

单击图层面板中的"创建新的填充或调整图层"按钮  ，在弹出的菜单中选择"色相/饱和度"命令，打开"色相/饱和度"对话框，选择"编辑"下拉列表中的"红色"，设置"饱和度"为 +14，然后选择"编辑"下拉列表中的"全图"，设置"饱和度"为 -22，完成后单击"确定"按钮。

> **Tip** 当图像没有色彩时，在"色相/饱和度"对话框中仅调整图像的参数是不能为图像添加颜色的，要勾选"着色"复选框，再拖动参数才能将黑白图像调整为单一色彩的图像。

Step 05 局部色彩调整

01 选择"色相/饱和度 1"调整图层的图层蒙版，单击画笔工具 ，设置前景色为黑色，设置画笔为"柔角 17 像素"，在画面左边的火车暗部涂抹。

| **Think** |

　　在添加了图层蒙版的图层中进行操作时，一定要注意选择的是图层缩览图还是图层蒙版缩览图，选择图层缩览图是对图层进行操作，选择图层蒙版缩览图是对蒙版进行操作。由于选择的区别不是很明显，所以在操作过程中一定要仔细。

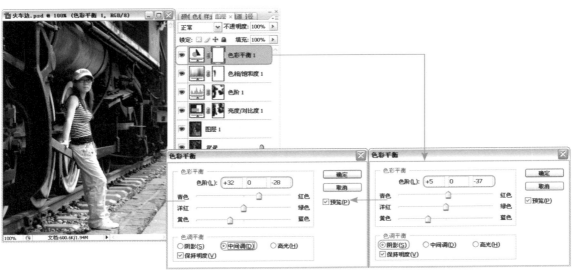

02 单击图层面板中的"创建新的填充或调整图层"按钮 ，在弹出的菜单中选择"色彩平衡"命令，弹出"色彩平衡"对话框，在对话框中分别设置"阴影"的参数为 +5、0、-37；"中间调"的参数为 +32、0、-28，完成后单击"确定"按钮。

| **Think** |

　　根据整张照片的氛围，呈现淡黄色调较为适合。颜色的设置依据个人的喜好，在调色的过程中可以自由尝试，不同的色彩会表现出不同的格调。

03 选择"色彩平衡1"调整图层的图层蒙版，单击
画笔工具 ，设置前景色为黑色，设置画笔为"喷枪
柔边圆形100"，"不透明度"设置为70%，"填充"
设置为80%，在整个画面的暗部涂抹。

Tip 按住 Ctrl 键然后单击蒙版缩览图，可以将蒙版中
涂抹的部分转换为选区。

04 同样的方式，单击图层面板中的"创建新的填充
或调整图层"按钮 ，在弹出的菜单中选择"色彩
平衡"命令，打开"色彩平衡"对话框，在对话框中
设置"中间调"的参数为-28、0、+36，完成后单
击"确定"按钮。

05 选择"色彩平衡2"调整图层的图层蒙版，单击
画笔工具 ，设置前景色为黑色，设置画笔为"柔角
27像素"，"不透明度"设置为50%，"填充"设置
为50%，在画面的地面部分涂抹。至此，本照片调
整完成。

| Think |

　　在整个照片的淡黄色调中，加入适当的冷色系，可
以增加画面中色彩的对比。

After

Before

麦田中的男孩

技术要点 | ▲ 锐化整体
▲ 表现自然的颜色
▲ 调出午后阳光

　素材：Reader\chapter6\media\麦田中的男孩.psd
最终效果：Reader\chapter6\complete\麦田中的男孩.psd

▌拍摄

　　本例中的照片是在麦地里拍摄的，正午阳光当头比较刺眼，采用倾斜式构图，显示随意自然，对人物瞬间的抓拍到位。在后期的处理中，将注重色调的统一，使整个画面具有麦田的暗黄调。

▌调整

Step 01 复制背景层

01 执行"文件 > 打开"命令，在弹出的对话框中选择本书配套光盘中的 Reader\chapter8\media\ 麦田里的男孩 .psd 文件，单击"打开"按钮打开素材文件。

02 将"背景"图层拖移至"创建新图层"按钮 🔲 上，复制"背景"图层，得到"背景 副本"图层。

| Think |

　　摄影构图的要求是完整、简洁、生动和稳定。如果有缺陷，在后期的处理中可使用裁减工具 🔲，将构图裁剪修正；在拍摄选景时，应注意避免人物后面有多余的景物，使原本可以完美的照片多了一些遗憾，后期的处理中可采用仿制图章工具 🔲，将其涂抹。

Step 02 将图像锐化

选择"背景 副本"图层，执行"滤镜 > 锐化 >USM 锐化"命令，弹出"USM 锐化"对话框，在对话框中设置"数量"的参数为 100%，"半径"的参数为 0.5 像素，"阈值"的参数为 0 色阶，完成后单击"确定"按钮，照片的清晰度提高，麦田与人物的细节呈现出来。

Tip 使用"锐化"滤镜，可以通过增大图像像素之间的反差使模糊的像素变得清晰。使用"USM 锐化"滤镜，可以对图像中有显著颜色变化的区域进行锐化处理。

Step 03 填充颜色

01 单击图层面板下的"创建新图层"按钮 ▣ ,得到"图层 1"图层。

> **Tip** 按下快捷键 Ctrl+Shift+N,也可新建图层,在弹出的"新建图层"对话框中,设置"名称"、"颜色"、"模式"与"不透明度",完成后单击"确定"按钮即可。

02 单击工具箱中的油漆桶工具 🪣,再单击前景色色块在弹出的"拾色器"对话框中设置颜色为 R12、G0、B86,完成后单击"确定"按钮,再按下快捷键 Alt+Delete 键将前景色填充。

03 选择"图层 1"图层,将图层面板上方的图层混合模式设置为"排除","不透明度"设置为 10%。

> **Tip** "排除"模式是将当前图层与底层图层混合,将相同的区域显示为白色,不同的区域显示为黑色或彩色。

Step 04 使用曲线调整

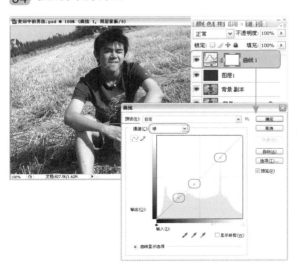

01 单击图层面板中的"创建新的填充或调整图层"按钮 ◕ ,在弹出的菜单中选择"曲线"命令,在"曲线"对话框中选择"通道"下拉列表中的"绿"通道,将三个控制点稍微向下方移动,完成后单击"确定"按钮。

> **Tip** 可在曲线上单击添加控制点进行调整。右上角的端点表示"高光",左下角的端点表示"阴影",中间部分的控点表示"中间调"。

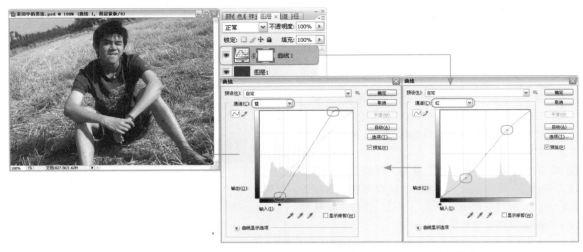

02 同样的方法，单击图层面板中的"创建新的填充或调整图层"按钮 ◎，在弹出的菜单中选择"曲线"命令，在"曲线"对话框中选择"通道"下拉列表中的"红"通道，将两个控制点分别向上下移动，然后再选择"通道"下拉列表中的"蓝"通道，将两个控制点分别横向左右移动，完成后单击"确定"按钮。

Tip 上下移动控制点，增大了图像中亮调和暗调的空间范围，压缩了中间灰调的空间，图像反差增强；横向左右移动控制点，两点间的直线越垂直，影调的反差就越大。

| Think |

　　在创建完成的调整图层上，可以对调整图层产生的效果进行编辑，参数可重新进行设置，这是调整图层最方便的地方。一般通过两种方式改变调整效果：一种是双击调整图层缩览图，在弹出的对话框中进行参数设置；第二种是选择需要调整的调整图层，执行"图层 > 更改图层内容"命令，利用弹出的菜单中的调整命令调整图像，使用此方法可以替换原来的调整图层。

Step 05 使用照片滤镜调整

01 单击图层面板中的"创建新的填充或调整图层"按钮 ◎，在弹出的菜单中选择"照片滤镜"命令，在弹出的"照片滤镜"对话框中选择"滤镜"下拉列表中的"棕褐色"选项，设置"浓度"为100%，勾选"保留明度"选项，完成后单击"确定"按钮。

Tip "照片滤镜"命令主要是在图像中设置颜色滤镜，在应用"照片滤镜"命令后并不会破坏照片的图像，相反还会保持图像的质量和特征，它只是给图像增加了一种颜色。该命令多用于制作照片的怀旧效果。

02 选择"照片滤镜 1"图层，将图层面板上方的图层混合模式设置为"变暗"，"不透明度"设置为100%。至此，本照片调整完成。

欣赏

麦田中老人行进的状态被拍摄了下来，配合老人脸上的沧桑将整个照片的色调调整为灰黄色，更加能衬托出老人脸上岁月的痕迹。

After

Before

破旧房屋里的女孩

技术要点 ▲ 调整画面光源

▲ 调整层次感

▲ 表现怀旧色彩

 素材：Reader\chapter6\media\破旧房屋里的女孩.psd

最终效果：Reader\chapter6\complete\破旧房屋里的女孩.psd

拍摄

本例中的照片构图完整，人物造型与画面背景形成对比，给人以视觉上的冲击力，但是色彩不够鲜明，人物在照片中不是很显眼。要将这张照片从普通的数码照调整成为较专业的艺术照，则需要加强色调的调整，将背景与人物区分开。

调整

Step 01 使用图层混合模式调整整体影调

01 执行"文件 > 打开"命令，打开本书配套光盘中的 Reader\chapter6\media\破旧房屋里的女孩.psd 文件，单击背景图层，按下快捷键 Ctrl+J 复制图层，得到"图层 1"。

02 选择"图层 1"，在图层混合模式的下拉列表中选择"柔光"选项，照片的影调加深。

> **Tip** "柔光"模式主要以柔和的方式叠加图像，并且保持了图层原有的色彩，在照片的处理中多用于两张或多张照片的叠加，来表现镜像、折射等效果。

Step 02 使用蒙版调整背景部分

单击图层面板下方的"添加图层蒙版"按钮，为"图层 1"添加图层蒙版，然后单击画笔工具，设置前景色为黑色，设置画笔为"柔角 17 像素"，用画笔在照片的暗部涂抹，显示出原来的暗部细节。

| Think |

"柔光"模式会将暗部的细节忽略，降低画面的质量，于是通过蒙版将暗部涂抹。

> **Tip** 不管是图层蒙版还是矢量蒙版，在蒙版中白色即是显示的区域，黑色是隐藏的区域，灰色是带有羽化值或透明度的选区。

Step 03 使用图层混合模式调整整体色调

01 单击图层面板下的"创建新图层"按钮，新建一个"图层2"，设置前景色为R4、G14、B53，按下快捷键 Alt+Delete 填充颜色。

02 设置"图层2"的图层混合模式为"差值"，"不透明度"为50%，照片有了统一的色调。

> **Tip** "差值"和"排除"两种混合模式都属于异像型混合模式，会将当前图层与底层图层混合，将相同的区域显示为白色，不同区域显示为黑色或彩色。

Step 04 使用蒙版调整阴影部分

选择"图层2"，单击图层面板下方的"添加图层蒙版"按钮，为图层添加蒙版，然后单击工具箱中的画笔工具，设置画笔颜色为黑色，设置画笔为"柔角65像素"，在照片的阴影部分涂抹。

> **Think**
>
> 停用图层蒙版的操作非常简单，应用也比较单一，但是在操作的过程中，为了观察图像的效果，一般暂时会停用图层蒙版。

Step 05 模糊背景

01 按下快捷键 Ctrl+Alt+Shift+E 盖印图层，得到"图层3"。

02 执行"滤镜 > 模糊 > 高斯模糊"命令，在弹出的"高斯模糊"对话框中设置"半径"为3.0像素，完成后单击"确定"按钮。

03 选择"图层3"，单击工具箱中的橡皮擦工具，在画面中的人物部分擦除。

> **Think**
>
> 在拍摄人物照片的时候，最好选择颜色单纯或线条简单的背景来突出人物。如果拍摄的背景较为复杂，那就注意采光条件，并适当使用闪光灯。但如果是已经拍摄完的照片，在后期的处理中应采用模糊的方式将背景虚化。

Step 06 提亮整体影调

单击图层面板中的"创建新的填充或调整图层"按钮
◎,在弹出的菜单中选择"色阶"选项,打开"色阶"
对话框,设置 RGB 通道的"输入色阶"参数为 0、1.12、
198,完成后单击"确定"按钮,照片的亮度提高。

Tip 在"色阶"对话框中勾选"预览"复选框,可以在
对图像调整的同时,随时查看调整的效果,反之,则无
法预览调整图像的效果。

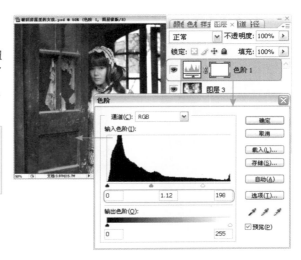

Step 07 使用色相/饱和度调整饱和度

单击图层面板中的"创建新的填充或调整图层"按钮
◎,在弹出的菜单中选择"色相/饱和度"选项,
打开"色相/饱和度"对话框,选择"编辑"下拉
列表中的"全图"选项,设置"饱和度"的参数为
+11,完成后单击"确定"按钮,照片饱和度提高。
至此,照片调整完成。

Tip 当前图像没有色彩时,在"色相/饱和度"对话框
中仅调整图像的参数是不能为图像添加颜色的,要勾选
"着色"复选框,再拖动参数才能将黑白图像调整为单
一色彩的图像。

　　倚墙而立的人物照片中人物的表情很自然，白色的衣裙和身后的砖墙形成很明显的对比，阳光洒在墙壁上增加了温暖的感觉。整个照片刚中有柔，色调很温馨。

第 7 章

古典与民族的色调风格

　　在拍摄人物照片的时候，少数民族的题材是摄影爱好者经常接触的，它们给人朴素、自然的感觉。为了反映大自然的原貌，尽量还原真实色彩，给人以亲切感觉。古典与民族的色调风格主要特点是色彩纯度较低，色调统一。

After

一 西藏

技术要点 ▲ 光源调整

▲ 强化局部

▲ 表现大自然色彩

素材：Reader\chapter7\media\西藏.psd

最终效果：Reader\chapter7\complete\西藏.psd

拍摄

本例中的照片是属于侧逆光拍摄，人物脸部大部分笼罩在阴影之中，被照明的部分轮廓清晰，但是阴影部分的层次不分明，在调色的过程当中要将阴影部分丢失掉的细节弥补到位。色彩上，照片中红色与绿色占据了很大的面积，但是饱和度还不够，需要加强。

调整

Step 01 使用渐变映射调整

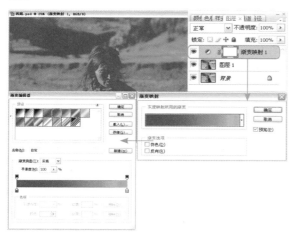

01 执行"文件 > 打开"命令，打开本书配套光盘中的Reader\chapter7\media\西藏.psd 文件，单击背景图层，按下快捷键 Ctrl+J 复制图层，得到"图层 1"。

02 单击图层面板中的"创建新的填充或调整图层"按钮 ，在弹出的菜单中选择"渐变映射"命令，打开"渐变映射"对话框，单击渐变条，在弹出的"渐变编辑器"对话框的渐变条中选择紫色（R41、G10、B89）到橘红色（R255、G124、B0）的渐变，完成后单击"确定"按钮。

> **Tip** "渐变映射"命令在普通的图像上设置色带形态的渐变颜色，这种独特色彩的图像具有广告媒体的出彩效果。

Step 02 使用蒙版调整人物色调

01 选择"渐变映射"调整图层的图层蒙版，单击画笔工具 ，设置前景色为黑色，设置画笔为"柔角300 像素"，使用画笔将人物以外的部分擦除掉。

02 设置图层面板中的图层混合模式为"柔光"，"不透明度"为100%。照片中人物的对比度加强，呈现出暖色调。

> **Think**
> 在对人物的拍摄中，应尽量避免强光下的逆光拍摄，这样会导致背景太亮，主体物曝光不足。在逆光的拍摄中，被摄体背对照相机的一面受光，而面对照相机的一面则处于阴影中，这时应注意对暗部进行补光，如果不补光，拍摄成剪影照片也可以。

Step 03 使用色彩平衡调整背景颜色

01 单击图层面板中的"创建新的填充或调整图层"按钮 ◑.，在弹出的菜单中选择"色彩平衡"命令，打开"色彩平衡"对话框，设置"中间调"的色阶参数为 −25、+54、−2；"高光"的色阶参数为 0、+9、0，完成后单击"确定"按钮，照片中的饱和度提高。

02 选择"色彩平衡 1"调整图层的图层蒙版，单击画笔工具 ◢，设置前景色为黑色，设置画笔为"柔角 27 像素"，在人物的部分涂抹。照片中的人物与背景的色相更加明显了。

> **Tip** "色彩平衡"对话框中的色调平衡选项组复选框，可以针对阴影、中间调、高光三个不同色调进行调整。

Step 04 使用选取颜色调整局部

01 单击图层面板中的"创建新的填充或调整图层"按钮 ◑.，在弹出的菜单中选择"可选颜色"命令，打开"可选颜色选项"对话框，在"颜色"下拉列表中选择"红色"选项，设置参数为 0、0、0、+37；然后选择"中性色"选项，设置参数为 +8、+2、−10、+5，完成后单击"确定"按钮，照片的色调有所加强。

02 选择"选取颜色 1"调整图层的图层蒙版，单击画笔工具 ◢，设置前景色为黑色，设置画笔为"柔角 27 像素"，在人物红色衣服以外的部分涂抹，人物的衣服颜色更加鲜艳而且层次清晰。

> **Tip** "可选颜色"命令可以让所选颜色更加饱和，是调整单个颜色的不错选择，它主要是通过分通道增加或减少特定的油墨百分比，来单独针对某种颜色进行调整，可以使用 RGB，CMYK 或 Lab 颜色模式。

Step 05 运用曲线将暗部调出层次感

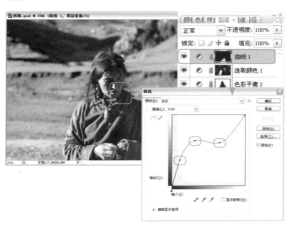

01 单击图层面板中的 "创建新的填充或调整图层" 按钮，在弹出的菜单中选择 "曲线" 命令，打开 "曲线" 对话框中，设置三个控制点，将暗部的层次感调整出来，完成后单击 "确定" 按钮。

02 选择 "曲线 1" 调整图层的图层蒙版，单击画笔工具，设置前景色为黑色，设置画笔为 "柔角 27 像素"，将人物红色衣服暗部以外的部分擦除掉。照片的暗部呈现出层次感。至此，本照片调整完成。

| Think |

　　暗部的调整可以丰富画面的层次，增加立体感。在调色的时候往往会忽略暗部与亮部的细节，其实这些恰巧是提高照片质量的重要方式。

| 欣赏 |

　　这张照片是在摄影棚中拍摄的，在拍摄中光映射到人物的侧脸，增加其轮廓感，在后期处理中通过加强人物脸部灯光效果使层次感更分明。

第 7 章 古典与民族的色调风格

After

Before

离去的背影

技术要点 ▲ 表现金属质感
▲ 强调局部颜色
▲ 加强画面层次

 素材：Reader\chapter7\media\离去的背影.psd
最终效果：Reader\chapter7\complete\离去的背影.psd

拍摄

本例中的照片是在西藏拍摄的，对于每天在喧嚣的城市中生活的人来说，西藏这个风景如画的地方能够使人得到一种精神上的洗礼与净化，令人陶醉。这张照片采用了放射性的构图，视角独特，但是影调和色调欠佳，转经轮的质感也没有体现出来，需要通过后期调整来进一步加强。

调整

Step 01 转换色彩模式

01 执行"文件 > 打开"命令，打开本书配套光盘中的 Reader\chapter7\media\离去的背影.psd 文件，单击背景图层，按下快捷键 Ctrl+J 复制图层，得到"图层 1"。

02 执行"图像 > 模式 >CMYK 颜色"命令，在弹出的对话框中单击"不拼合"按钮，将图像模式转化为 CMYK 模式。

> **TIP** CMYK 模式的各种颜色分别由青、洋红、黄、黑四种颜色的油墨叠加而得到，其中添加了黑色的油墨，颜色更加稳定。

Step 02 使用应用图像调整

选择"图层 1"，执行"图像 > 应用图像"命令，在弹出的"应用图像"对话框中设置"源"选项为"离去的背影.psd"，进行计算的"通道"为"洋红"通道，"混合"为"正片叠底"，勾选"蒙版"复选框，完成后单击"确定"按钮。

> **TIP** 通过"应用图像"命令为图像制作特殊效果时，如果要通过蒙版应用混合可以勾选"蒙版"选项，然后选择包含蒙版的图像和图层即可。

第 7 章 古典与民族的色调风格

141

Step 03 使用色阶调整局部质感

单击图层面板中的"创建新的填充或调整图层"按钮 ，在弹出的菜单中选择"色阶"命令，打开"色阶"对话框，单击对话框中的"选项"按钮，弹出"自动颜色校正选项"对话框，勾选"增强每通道的对比度"和"对齐中性中间调"选项，再设置"中间调"与"高光"的颜色为棕色与黄色，完成后单击"确定"按钮。

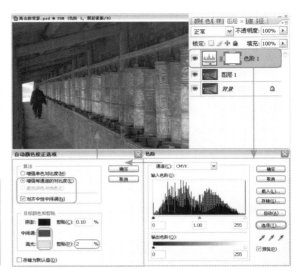

> **Tip** "输入色阶"会使图像中较暗的部分变得更暗，较亮的部分变得更亮，以增加图像的对比度。"输出色阶"主要使图像中较暗的部分变亮，较亮的部分变暗，从而使图像变得柔和。

Step 04 运用蒙版调整背景部分

选择"色阶1"调整图层的图层蒙版，然后单击工具箱中的画笔工具 ，设置画笔颜色为黑色；设置画笔为"柔角13像素"，在转经轮以外的地方涂抹。照片中转经轮的金属质感就呈现出来了。

|Think|

金属质感的表现可以通过改变色调、提高对比度来实现，不同的金属质感会有不同的视觉感受，这需要在生活中多观察。

Step 05 调整画面色彩

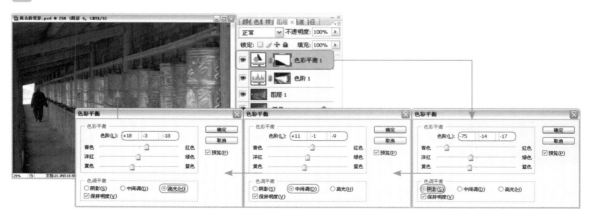

01 单击图层面板中的"创建新的填充或调整图层"按钮 ，在弹出的菜单中选择"色彩平衡"选项，分别设置"阴影"的参数为 -75、-14、-17；"中间调"的参数为 +11、-1、-9；"高光"的参数为 +18、-3、-18，完成后单击"确定"按钮，照片呈现出更加鲜艳的效果。

02 选择"色彩平衡 1"调整图层中的图层蒙版，然后单击工具箱中的画笔工具 ，设置画笔颜色为黑色，设置画笔为"柔角 100 像素"，在转经轮以外的地方涂抹，照片中转经轮的金属色调就呈现出来了。

Step 06 使用曲线调整对比度

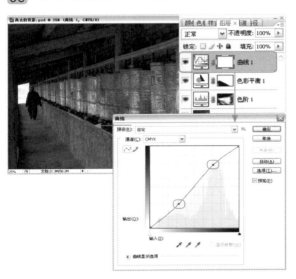

单击图层面板中的"创建新的填充或调整图层"按钮 ，在弹出的菜单中选择"曲线"选项，打开"曲线"对话框，分别上下移动两个控制点，完成后单击"确定"按钮，照片的对比度加强。

> **Tip** "曲线"命令可以对图像上指定色阶值进行调整，主要调整照片"高光"和"阴影"的范围。按下快捷键 Ctrl+M，即可弹出"曲线"对话框。

Step 07 运用蒙版擦除地面部分

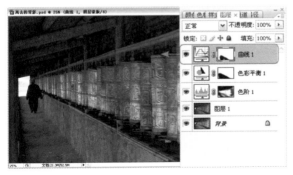

使用同样的方式，选择"曲线 1"调整图层中的图层蒙版，然后单击工具箱中的画笔工具 ，设置画笔为"喷枪柔边圆形 100"，设置画笔颜色为黑色，在照片中的地面部分涂抹，照片的地面部分就不会呈现不自然的冷色调。至此，本照片调整完成。

| **Think** |

在对蒙版进行涂抹的时候，根据情况选择适当的画笔样式很关键。如果需要使图像边缘变柔和，可以选择柔边的画笔样式；如果需要边缘保持明显的分界线，可以选择比较生硬的画笔样式。

After

一 等待

技术要点 ▲ 还原自然色调
▲ 局部色彩调整
▲ 冷色调调整

素材：Reader\chapter7\media\等待.psd

最终效果：Reader\chapter7\complete\等待.psd

拍摄

本例中的照片拍摄的是一张古典风格的人物肖像，人物造型与构图取景都比较到位，但是鲜亮的大红色与嫩绿色形成强烈的色彩对比，破坏了整张照片的气氛。下面将对照片进行色彩调整，表现出和谐、古典的韵味。

调整

Step 01 复制背景层

执行"文件 > 打开"命令，打开本书配套光盘中的 Reader\chapter7\media\等待.psd 文件，单击背景图层，按下快捷键 Ctrl+J 复制图层，得到"图层 1"。

> **Tip** 在图层中，除了"背景"图层以外，所有的图层都可以设置图层混合模式。

Step 02 降低色彩饱和度

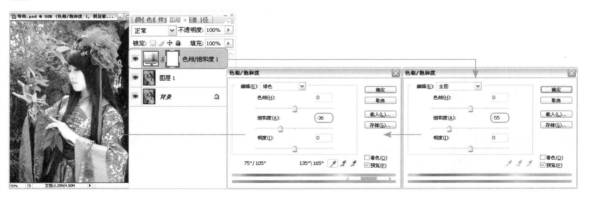

单击图层面板中的"创建新的填充或调整图层"按钮 ，在弹出的菜单中选择"色相 / 饱和度"命令，打开"色相 / 饱和度"对话框，选择"编辑"下拉列表中的"全图"，设置"饱和度"为 -55；然后再选择"编辑"下拉列表中的"绿色"，设置"饱和度"为 -36，完成后单击"确定"按钮，照片的饱和度降低。

| Think |

　　在红色与绿色对比比较强烈的画面中，可采用调整色彩面积比例，或调整色彩纯度、饱和度的方式，来降低色彩间的冲突。

Step 03 使用色阶调整对比度

单击图层面板中的"创建新的填充或调整图层"按钮 ⊘. ，在弹出的菜单中选择"色阶"命令，打开"色阶"对话框，将 RGB 通道的"输入色阶"参数设置为 0、0.75、253，完成后单击"确定"按钮，照片对比度加强。

| Think |

　　调整图层虽然能随时改变调整效果，但并不是所有的调整图层都能使用，有些情况下还是必须使用调整命令的。

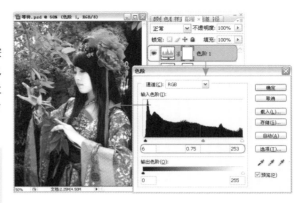

Step 04 运用蒙版擦除较暗部分

选择"色阶 1"调整图层的图层蒙版，单击画笔工具 ✐. ，设置前景色为黑色，设置画笔为"柔角 21 像素"，将画面较暗的部分擦除掉。

| Think |

　　经过色阶调整后，整张照片对比加强，但是画面中间部分过黑，缺乏层次感，影响画面质量，需要使用蒙版将其擦去。

Step 05 调整红绿色

单击图层面板中的"创建新的填充或调整图层"按钮 ⊘. ，在弹出的菜单中选择"可选颜色"命令，打开"可选颜色选项"对话框，在对话框中的"颜色"下拉列表中选择"红色"选项，设置"洋红"为 +21；然后在下拉列表中选择"绿色"选项，设置"青色"为 -100，"洋红"为 +100，完成后单击"确定"按钮。

"可选颜色" 命令可以选择性地改变某种主色调的含量而不影响该印刷色在其他主色调中的表现，可以针对图像的颜色有选择的进行调整。

Step 06 整体色彩调整

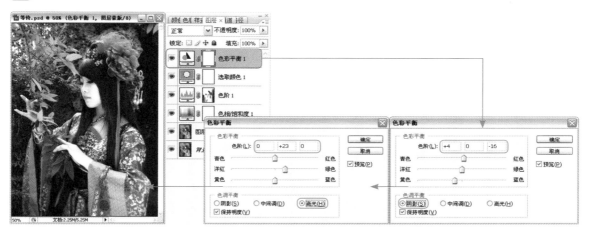

单击图层面板中的 "创建新的填充或调整图层" 按钮 ，在弹出的菜单中选择 "色彩平衡" 命令，打开 "色彩平衡" 对话框，先选中 "阴影" 单选按钮，设置 "色阶" 参数为 +4、0、-16；然后选中 "高光" 单选按钮，设置 "色阶" 参数为 0、+23、0，完成后单击 "确定" 按钮，将照片明暗层次调整得更加清晰。至此，本照片调整完成。

| Think |

　　在使用 "色彩平衡" 命令调整图像的时候，应配合不同的场景选择最适合的颜色，来突显照片的韵味。

拿相机的女孩

技术要点 ▲ 调整光线与背景
▲ 调整灰色调
▲ 表现画面意境

素材：Reader\chapter7\media\拿相机的女孩.psd
最终效果：Reader\chapter7\complete\拿相机的女孩.psd

拍摄

　　本例中的照片是在户外拍摄的，视点聚焦在人物上，周围的环境比较模糊。适当使用对焦可以增强画面的层次感，使主体突出。照片中的人物神态、表情和动作都比较自然，但是由于整张照片的颜色比较单调，使得照片缺乏一种统一的色调与意境，后期处理时将对此进行调整。

调整

Step 01　复制原图层

执行"文件 > 打开"命令，打开本书配套光盘中的 Reader\chapter7\media\ 拿相机的女孩 .psd 文件，单击背景图层，按下快捷键 Ctrl+J 复制图层，得到"图层 1"。

| Think |

　　复制图层是一个良好的习惯，以便可以随时观察调整后的对比效果，而且在调整中过程中，如果出现了错误，也不会影响原图的效果。

Step 02　调整光线与背景

单击"图层 1"图层，执行"图像 > 应用图像"命令，弹出"应用图像"对话框，选择通道为"蓝"，混合模式为"滤色"，"不透明度"为 70%，单击"确定"按钮，调出较亮的光线效果。

Tip "应用图像"命令是通过计算图层和通道的混合方式来得到新的效果。它针对单个源的图层和通道的混合计算，以及蒙版的图层和通道的混合计算，将最终的效果应用在图像上。

　　两张图像合并时也可使用应用图像，前提是同时处于打开状态，且图像大小相同，在"应用图像"对话框的"源"选项中显示当前可供使用的图像文件。

Step 03 转换色彩模式

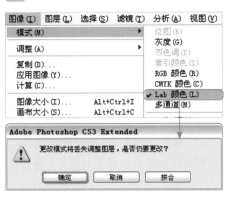

执行"图像 > 模式 >Lab 模式"命令,在弹出的对话框中单击"确定"按钮,将其模式转化。

Tip Photoshop 具有强大的色彩应用功能,它体现为色彩模式和色彩调整命令,通过执行"图像 > 模式"命令可选择不同的色彩模式,有针对性地对不同的色彩区域调整。

Step 04 使用 Lab 曲线调整色调

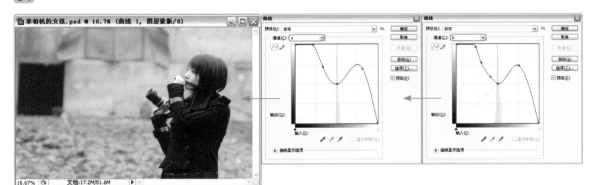

单击图层面板中的"创建新的填充或调整图层"按钮，在弹出的菜单中选择"曲线"命令,打开"曲线"对话框,在弹出的对话框中分别对"a 通道"和"b 通道"进行调整,完成后单击"确定"按钮,经过这样的调整,图层调整为偏灰白色并且饱和度较低,照片的色调更加统一,富有意境。至此,本照片调整完成。

Tip Lab 模式支持多个图层,它是惟一不依赖外界设备而存在的色彩模式。是由亮度（L）通道、a 通道、b 通道组成。颜色范围最广,包含所有 RGB 和 CMYK 模式的颜色。

a 代表由绿色到红色,b 代表有蓝色到黄色,它们的颜色值范围都是 -120~120。单独针对不同颜色通道调整,对色彩的控制力会更加有利。

　　照片中的人物在餐厅的一角，光线不是很强烈，但是却将脸部凸显出来。左右两边形成了很好的对比，一冷一暖的画面效果赋予照片丰富的韵味。

第3篇
静物及风景照片的润色技法

　　风景照片不同于人像照片，人像照片以人物为主体，在进行调整时主次很好区分，而风景照片在主体物不是很明确的情况下，画面构图非常重要。在调整的时候首先要考虑的是还原自然色，其次是调出优美的意境。静物照片的拍摄相对风景照片要容易上手一些，在后期处理中首先要考虑画面中的主次是否分明，要将主体物与背景区分开。

第8章

静物照片的色彩调整

在生活中会发现许多有趣的事物,通过对生活的留心观察将它们用相机拍摄下来。但是由于拍摄环境的不同,有些照片会因为光线或构图的原因达不到心中的理想效果。本章中介绍的静物照片的色彩调整,主要是针对照片中偏色或受光不足进行调整。在调整技巧上要注意突显主体物,虚化背景,使其具有鲜明的主题,从视觉上带给人一种享受和乐趣。

Before

 草地上的孤独小熊

技术要点 ▲ 调整画面色调

▲ 还原真实色彩

▲ 加强对比度

素材：Reader\chapter8\media\草地上的孤独小熊.psd

最终效果：Reader\chapter8\complete\草地上的孤独小熊.ps

拍摄

本例中的照片是在秋天拍摄的，画面中一个小熊玩偶坐在草地上，构图完整，背影中干枯的树枝表现出秋天的气氛，与小熊的毛绒质感很搭配，色调统一。但是草地的色彩与整体色调不是很协调，通过后期处理的色彩调整来解决这一问题。

调整

Step 01 改变整体色调

Tip "颜色"混合模式是将混合后图像中的色相和饱和度应用到基色图像中，效果色保持基色图像的亮度，与"色相"模式的效果相似。

01 执行"文件 > 打开"命令，打开本书配套光盘中的 Reader\chapter8\media\草地上的孤独小熊.psd 文件，单击选中背景图层，并将它拉到图层面板下方的"创建新图层"按钮 上，得到"背景 副本"。

02 单击图层面板中的"创建新图层"按钮 ，得到"图层 1"图层，将前景色设置为 R10、G136、B115，按下快捷键 Alt+Delete 将其填充，设置图层面板中的图层混合模式为"颜色"，"不透明度"为 20%，照片呈现出淡绿色。

| Think |

我们在调色的时候，首先是调整整体的色彩，再来调整局部色彩，只有做到先整体后局部，整体偏差才会最小。

Step 02 调整画面整体色调

单击图层面板中的"创建新的填充或调整图层"按钮 ，在弹出的菜单中选择"可选颜色"命令，打开"可选颜色选项"对话框，在"颜色"下拉列表中分别进行调整，红色为 −100、+30、0、0；黄色为 −100、0、+100、0；绿色为 −100、−100、+100、0；青色为 +100、−13、−100、0；蓝色为 0、+100、0、0；白色为 −100、0、0、0；中性色为 −18、0、0、0；黑色为 +40、0、0、0，完成后单击"确定"按钮。

Tip "可选颜色"命令主要是在图像选择特定的颜色进行调整，可以帮助我们准确的调整图像整体颜色的变化。它具有很强的针对性。

Step 03 使用亮度/对比度调整

01 按下快捷键 Ctrl＋Alt＋Shift＋E 盖印图层，得到"图层 2"图层。

02 单击图层面板中的"创建新的填充或调整图层"按钮 ，在弹出的菜单中选择"亮度／对比度"命令，打开"亮度／对比度"对话框中，设置"亮度"的参数为＋5，"对比度"的参数为＋10，完成后单击"确定"按钮，照片的对比度加强。至此，本照片调整完成。

┃欣赏┃

出于对生活的记录，拍摄可爱的静物，采用对焦将背景模糊，使视线集中在静物上，画面随意自然。

海边的芭蕾舞鞋 ——

技术要点 ▲ 还原自然光源
▲ 突出局部细节
▲ 调出浪漫色调

 素材：Reader\chapter8\media\海边的芭蕾舞鞋.psd
最终效果：Reader\chapter8\complete\海边的芭蕾舞鞋.psd

Before

拍摄

　　本例中的照片拍摄的是海边的芭蕾舞鞋，由于是清晨拍摄的，湿冷空气凝聚的薄雾形成的散射光线使得静物的清晰度不够高，但这种朦胧的感觉增添了照片的浪漫气氛，加上照片的构图大胆但又不失平衡感，整个画面富有诗意，如果加强色调方面的调整效果会更好。

调整

Step 01 加强画面对比度

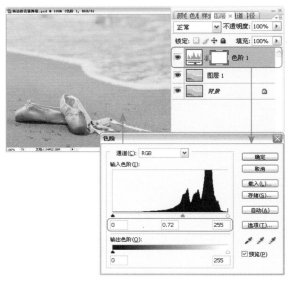

01 执行"文件 > 打开"命令，打开本书配套光盘中的 Reader\chapter8\media\ 海边的芭蕾舞鞋 .psd 文件，单击背景图层，按下快捷键 Ctrl＋J 复制图层，得到"图层 1"。

02 单击"创建新的填充或调整图层"按钮 ，在弹出的菜单中选择"色阶"命令，打开"色阶"对话框，设置"输入色阶"的参数为 0、0.72、255，完成后单击"确定"按钮，将图层的对比度加强。

> **Tip** 调整图层是独立的图层，它的操作效果与图像调整中的调色命令是相同的，不同的是它的操作命令对其下所有的图层都有效，并且可以反复地对其进行操作而不会损坏原图像。
>
> 　　使用色阶调整时，参数值的设置非常重要，设置不同的参数值直接影响该色彩在图像中的应用比例。

Step 02 使用蒙版调整局部

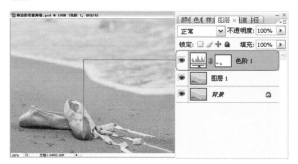

　　选择"色阶 1"调整图层的图层蒙版，单击画笔工具 ，设置前景色为黑色，设置画笔为"柔角 13 像素"，用画笔在芭蕾舞鞋的暗部涂抹。

｜Think｜

　　使用色阶调整将整个照片的影调加深，但是这样静物的暗部会因为过深而缺乏层次感，这就需要使用蒙版将其涂抹。

调整画面色彩饱和度

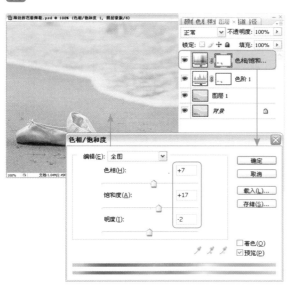

单击图层面板中的"创建新的填充或调整图层"按钮 ，在弹出的菜单中选择"色相／饱和度"命令，打开"色相／饱和度"对话框，在"编辑"下拉列表中选择"全图"，设置"色相"的参数为 +7，"饱和度"的参数为 +17，"明度"的参数为 -2，完成后单击"确定"按钮，照片的饱和度加强。

02 选择"色相／饱和度 1"调整图层的图层蒙版，单击画笔工具 ，设置前景色为黑色，设置画笔为"柔角 17 像素"，用画笔在芭蕾舞鞋的阴影部分涂抹。

Tip 在用画笔工具 涂抹的时候，可以使用快捷键"["与"]"，放大或缩小画笔。

Step
04 使用图层混合模式调整

01 按下快捷键 Ctrl＋Alt＋Shift＋E 盖印图层，得到"图层 2"图层。设置图层面板中的图层混合模式为"正片叠底"，"不透明度"为 30%。

Tip "正片叠底"模式主要以图层的暗调为基准，叠加背景图层，加深图像的暗部，同时也保留了原图层的特征，在照片的处理中大多用于表现照片的阴影效果和明暗层次。

02 选择"图层 2"调整图层的图层蒙版，单击画笔工具 ，设置前景色为黑色，设置画笔为"柔角 27 像素"，用画笔在芭蕾舞鞋的暗部涂抹。

Tip 需要关闭蒙版，则按住 Shift 键，用鼠标单击需要关闭的那个蒙版，会看到蒙版上出现一个红色的叉号，这样蒙版就关闭了。反之，想要恢复蒙版则再次按住 Shift 键，用鼠标单击蒙版即可。

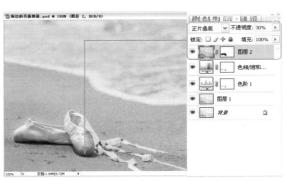

第 8 章 静物照片的色彩调整

Step 05 调整整体色调

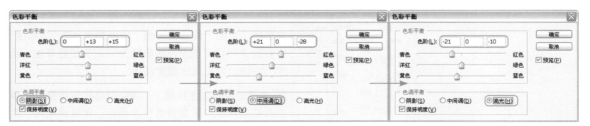

单击图层面板中的"创建新的填充或调整图层"按钮，在弹出的菜单中选择"色彩平衡"命令，打开"色相/饱和度"对话框，在对话框中分别设置"阴影"、"中间调"与"高光"部分的色阶参数，"阴影"的色阶参数为 0、+13、+15，"中间调"的色阶参数为 +21、0、−28，"高光"的色阶参数为 −21、0、−10，完成后单击"确定"按钮，照片呈现偏黄色调。

Step 06 使用蒙版调整

选择"色彩平衡 1"调整图层的图层蒙版，单击画笔工具，设置前景色为黑色，设置画笔为"喷枪柔边圆形 45"，用画笔在芭蕾舞鞋的阴影部分涂抹。至此，本照片调整完成。

After

Before

晒太阳的猪 ━━━━━

技术要点 | ▲ 光线的补充
▲ 局部细节调整
▲ 还原背景色彩

 素材：Reader\chapter8\media\晒太阳的猪.psd
最终效果：Reader\chapter8\complete\晒太阳的猪.psd

拍摄

　　本例中的照片是在中午拍摄的，阳光比较刺眼，照片的背景部分有一些曝光过度，造成原本蓝色的天空泛白。照片中的前后层次不清晰，色调不明确，整体发灰。在后期处理中会着重处理层次关系，使照片具有立体感。

调整

Step 01 使用色阶调整对比度

01 执行"文件 > 打开"命令，打开本书配套光盘中的 Reader\chapter8\media\ 晒太阳的猪 .psd 文件，单击背景图层，按下 Ctrl + J 复制图层，得到"图层 1"。

02 单击"创建新的填充或调整图层"按钮 ⊘.，在弹出的菜单中选择"色阶"命令，打开"色阶"对话框，设置"输入色阶"的参数为 66、1.25、255，完成后单击"确定"按钮，照片的对比度加强。

> **| Think |**
>
> 　　在调整照片的时候要注意"色阶"、"色相 / 饱和度"与"曲线"的综合运用，最好不要只使用其中一种功能来进行调整，结合使用以便达到更理想的效果。

Step 02 使用曲线调暗图像

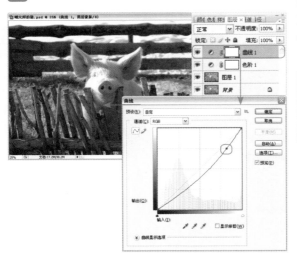

单击图层面板中的"创建新的填充或调整图层"按钮 ⊘.，在弹出的菜单中选择"曲线"命令，打开"曲线"对话框，按住右上角的一个控制点向下拖动并释放鼠标，完成后单击"确定"按钮，调出较暗的效果。

> **Tip** 在"曲线"对话框中可在曲线上单击来添加控点进行调整。要删除控制点时，可以将该控制点拖出图形，或选中该控制点后按下 Delete 键，或按住 Ctrl 键并单击该控制点。注意不能删除曲线的端点。

Step 03 使用蒙版提亮主体物

选择"曲线1"调整图层的图层蒙版，单击画笔工具 ，设置前景色为黑色，设置画笔为"喷枪柔边圆形 45"，用画笔在小猪与前面的栏杆部分涂抹。

| Think |

　　该步骤是为了使背景暗下来，以突出主体物，为画面增加层次感。

Step 04 调整色相/饱和度

单击图层面板中的"创建新的填充或调整图层"按钮 ，在弹出的菜单中选择"色相/饱和度"命令，打开"色相/饱和度"对话框，设置"饱和度"的参数为 +20，完成后单击"确定"按钮，将照片的饱和度提高。

| Think |

　　要制作一些特殊的颜色效果，巧妙运用"色相/饱和度"命令是一个不错的方法，特别是勾选"着色"复选框后，可以将图像调整为自己喜欢的任何色调。

Step 05 使用曲线调整局部

① 单击图层面板中的"创建新的填充或调整图层"按钮 ，在弹出的菜单中选择"曲线"命令，打开"曲线"对话框，在"通道"下拉列表中选择"红"通道，向上移动控制点，完成后单击"确定"按钮，照片呈现较暖的色调。

② 选择"曲线2"调整图层的图层蒙版，单击画笔工具 ，设置前景色为黑色，设置画笔为"柔角17像素"，在小猪以外的部分涂抹。

第 8 章　静物照片的色彩调整

163

Step 06 使用色彩平衡调整背景

01 单击图层面板中的"创建新的填充或调整图层"按钮 ，在弹出的菜单中选择"色彩平衡"命令，打开"色彩平衡"对话框，设置"中间调"的色阶参数为 0、－18、＋48，完成后单击"确定"按钮，照片呈现淡蓝色调。

02 选择"色彩平衡1"调整图层的图层蒙版，单击画笔工具 ，设置前景色为黑色，设置画笔为"柔角 13 像素"，在背景山脉以外的部分涂抹。

| Think |

　　由于照片背景部分曝光过度，背景的山脉部分没有表现出来，可将其色调调整，显现出山脉部分，使照片内容更加丰富。

Step 07 模糊背景

01 按下快捷键 Ctrl＋Alt＋Shift＋E 盖印图层，得到"图层 3"图层。

02 执行"滤镜 > 模糊 > 高斯模糊"命令，弹出"高斯模糊"对话框，设置"半径"的参数为 3.0 像素，完成后单击"确定"按钮。

Tip "高斯模糊"是最常用的模糊滤镜之一，根据高斯曲线快速地模糊图像，并能够产生很好的朦胧效果。通过在"高斯模糊"对话框中的"半径"文本框中设置数值或拖动滑块来控制模糊的程度。

Step 08 使用蒙版擦除草地部分

选择"图层 3"图层，单击图层面板下方的"添加图层蒙版"按钮 ，为"图层 3"添加一个图层蒙版，单击画笔工具 ，设置前景色为黑色，设置画笔为"尖角 13 像素"，在草地以外的部分涂抹。

| Think |

　　由于画面前方的栏杆边缘清晰，所以采用较硬的画笔涂抹，以确保边缘准确。

01 单击图层面板下方的"创建新图层"按钮，得到"图层4"，单击工具箱中的矩形选框工具，绘制一个长方形，将其填充为R158、G206、B226，设置图层混合模式为"正片叠底"，"不透明度"为50%。照片背景部分呈现蓝色调。

02 单击橡皮擦工具，将山脉以外的部分擦除。至此，本照片调整完成。

欣赏

　　照片中只拍摄了动物的一只脚掌，却有很好的视觉效果。黄色调的画面感觉很舒服，即使不拍摄全部图像也能感受到小动物的可爱与调皮。

Before

迎奥运

技术要点 ▲ 调亮画面
　　　　　▲ 强调静物色彩
　　　　　▲ 锐化主体物

素材：Reader\chapter8\media\迎奥运.psd

最终效果：Reader\chapter8\complete\迎奥运.psd

拍摄

本例中的照片是在一个集市上拍摄的静物，通过对焦使主体清晰，背景模糊，但主体物的细节还不够，质感没有表现到位。如果细心观察，会发现日常生活中有很多值得拍摄的静物，将其拍摄下来，会留下许多美好的回忆。

调整

Step 01 调整色彩饱和度

01 执行"文件 > 打开"命令，打开本书配套光盘中的 Reader\chapter8\media\迎奥运.psd 文件，单击背景图层，按下 Ctrl+J 复制图层，得到"图层 1"。

| Think |

在静物的拍摄过程中，除了要注意取景的角度和位置外，还要注意的是能将需要表现的意境很好地表达出来。这就需要在拍摄时尽量将焦距对准主体物，并虚化周围的景物，来区分主次关系。

02 单击图层面板中的"创建新的填充或调整图层"按钮 ⬤，在弹出的菜单中选择"色相 / 饱和度"命令，打开"色相 / 饱和度"对话框中，设置"全图"的"饱和度"参数为 +36，完成后单击"确定"按钮，照片的色彩对比度加强。

Step 02 虚化周围景物

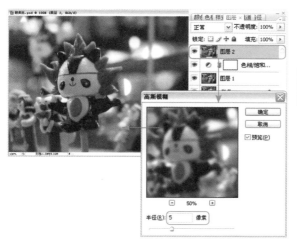

01 按下快捷键 Ctrl+Alt+Shift+E 盖印图层，得到"图层 2"图层。执行"滤镜 > 模糊 > 高斯模糊"命令，在弹出的"高斯模糊"对话框中，设置"半径"为 5像素，完成后单击"确定"按钮。

Tip 拖动"高斯模糊"对话框中的图像缩览图，可以选择图像的局部进行查看。

02 单击图层面板下方的"添加图层蒙版"按钮 ，为"图层 2"添加一个图层蒙版，单击画笔工具 ，设置前景色为黑色，设置画笔为"尖角 17 像素"，在主体物以外的部分涂抹。

> **Tip** 除了运用蒙版来隐藏主体物使其不被编辑外，还可以通过使用套索工具 或钢笔工具 ，将主体物勾选并删除的方式使其不被编辑。

Step 03 使用色阶调整主体物

01 单击图层面板中的"创建新的填充或调整图层"按钮 ，在弹出的菜单中选择"色阶"命令，打开"色阶"对话框，在"通道"的下拉列表中，设置 RGB 通道参数为 0、1.00、220，完成后单击"确定"按钮。

02 单击"色阶 1"调整图层的图层蒙版，单击画笔工具 ，设置前景色为黑色，设置画笔为"柔角 13 像素"，用画笔在主体物以外的部分涂抹。

> **| Think |**
> 局部调整主体物的色调，使其更有质感，更加清晰。

Step 04 将图像锐化

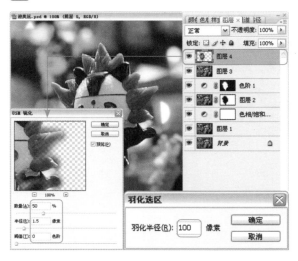

01 按下快捷键 Ctrl+Alt+Shift+E 盖印图层，得到"图层 3"图层。单击工具箱中的多边形套索工具 ，选择主体物，执行"选择 > 修改 > 羽化"命令，弹出"羽化选区"对话框，设置"羽化半径"为 100 像素，单击"确定"按钮，按下快捷键 Ctrl+J，将其复制并得到"图层 4"。

02 执行"滤镜 > 锐化 >USM 锐化"命令，弹出"USM 锐化"对话框，设置"数量"的参数为 50%，"半径"为 1.5 像素，"阈值"为 0 色阶，完成后单击"确定"按钮。至此，本照片调整完成。

祈福 ━━━━

技术要点 | ▲ 提亮过暗画面
▲ 表现自然色彩
▲ 锐化局部

素材：Reader\chapter8\media\祈福.psd
最终效果：Reader\chapter8\complete\祈福.psd

拍摄

　　本例中的照片是从仰视角度拍摄的静物，由于主体物遮挡了光线，使照片亮度不够，色彩暗淡，没有将人们祈福的幸福心情表达出来。并且在众多的主体物中没有重点，使人视线分散，在后期的调整中需要解决这一问题。

调整

Step 01　使用色阶将照片提亮

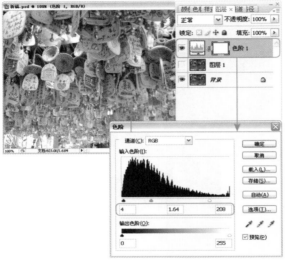

01 执行"文件 > 打开"命令，打开本书配套光盘中的 Reader\chapter8\media\ 祈福 .psd 文件，单击背景图层，按下快捷键 Ctrl+J 复制图层，得到"图层 1"。

02 单击图层面板中的"创建新的填充或调整图层"按钮，在弹出的菜单中选择"色阶"命令，打开"色阶"对话框，设置"输入色阶"的参数为 4、1.64、208，完成后单击"确定"按钮，照片的亮度提高。

> **Tip** 在"色阶"对话框中调整色阶值的方法有两种：在三个数值框中输入色阶值；拖动数值框上方的滑块来控制色阶值，这个方法适合边观察效果边设置。

Step 02　使用蒙版调整

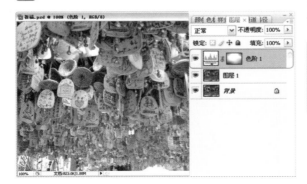

单击"色阶 1"调整图层的图层蒙版，然后单击画笔工具，设置前景色为黑色，设置画笔为"柔角 100像素"，用画笔在画面周围涂抹。

| Think |

　　由于照片的主体物不突出，使用蒙版让中间暗下去，可以将视线集中在中间。用蒙版涂抹的时候，笔触要选择较为柔和的。

Step 03 提高画面饱和度

单击图层面板中的"创建新的填充或调整图层"按钮 ⊘.，在弹出的菜单中选择"色相/饱和度"命令，打开"色相/饱和度"对话框，在"编辑"下拉列表中选择"全图"选项，设置"饱和度"的参数为+24，完成后单击"确定"按钮，照片的饱和度提高。

Tip 将照片的饱和度提高，呈现暖色调的画面，这样喜庆的气氛就表露出来了。

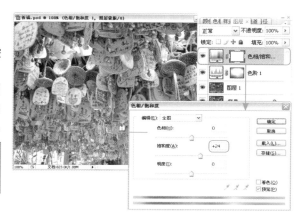

Step 04 调整画面色彩平衡

单击图层面板中的"创建新的填充或调整图层"按钮 ⊘.，在弹出的菜单中选择"色彩平衡"命令，打开"色彩平衡"对话框，在弹出的对话框中设置"中间调"的参数为 +13、0、−35，完成后单击"确定"按钮。

| Think |

想要拍摄色彩鲜艳、画面清晰的照片，一般应将快门设置为 1/30 秒，如果快门速度在 1/25 秒以上，就可以更加放心地进行拍摄。

Step 05 使用色阶调整整体主体物

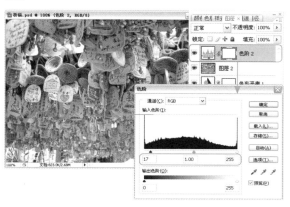

01 单击图层面板中的"创建新的填充或调整图层"按钮 ⊘.，在弹出的菜单中选择"色阶"命令，打开"色阶"对话框，在"色阶"对话框中，设置"输入色阶"的参数为 17、1.00、255，完成后单击"确定"按钮。

Tip 在"色阶"对话框中，选择"在图像中取样以设置黑场"吸管工具 ✐.，可以改变图像的整体效果。单击该按钮后，在图像上单击某一点，会把这一点作为黑色，使在图像上比那一点暗的图像变为黑色。利用"在图像中取样以设置黑场"吸管工具，可增强整体暗度。

第 8 章 静物照片的色彩调整

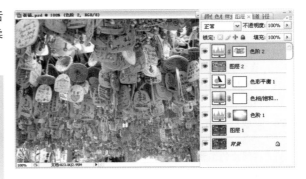

02 单击"色阶2"调整图层下方的图层蒙版，然后单击画笔工具 ，设置前景色为黑色，设置画笔为"柔角 17 像素"，用画笔在主体物上涂抹。

| **Think** |

　　在使用画笔涂抹的时候，画笔预设是在使用画笔工具时最基本的调整选项，可以通过调整距离、画笔形状以及角度等来改变画笔的状态。画笔预设主要是显示画笔的尺寸、距离和材质等，勾选各个复选框，可以对笔刷进行相应的设置。

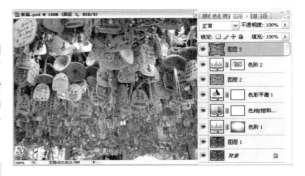

Step 06 使用减淡/加深工具调出层次感

按下快捷键 Ctrl＋Alt＋Shift＋E 盖印图层，得到"图层 3"图层。选择工具箱中的减淡工具 ，"画笔预设"为"柔角 100 像素"，在画面的中间部分涂抹；然后选择工具箱中的加深工具 ，"画笔预设"为"柔角 65 像素"，在画面的边缘部分涂抹。至此，本照片调整完成。

| **Think** |

　　"加深／减淡"工具顾名思义主要是对图像的颜色进行加深或减淡，同时又保留了图像的特征，主要在照片处理中加深照片的局部颜色，从而达到局部变暗或变亮的效果。

第9章

自然风景照片的色彩调整

　　自然风景照片是摄影爱好者常拍摄的一种类型，但是想将壮美的景象记录下来却又有一定的难度。取景构图以及光线的运用是拍摄自然风景照片最重要的两个因素，如果把握不到位，拍摄出来的照片往往不会太好，但是，通过对照片的后期处理能对这些问题一一进行弥补，从现在开始还原自然风景照片中本来的壮丽景象吧。

After

Before

草丛中的木桥

技术要点 ▲ 加强画面对比
▲ 还原天空色彩
▲ 调整草地层次

 素材：Reader\chapter9\media\草丛中的木桥.psd
最终效果：Reader\chapter9\complete\草丛中的木桥.psd

拍摄

本例中的照片是一幅落日的景象，整体色调比较灰，天空昏暗，草丛中的绿色也比较死板。但是照片中标准的"S"型构图很完整，因此还有调整的价值。要将这张照片调好，整体色调调整的同时，最好将天空与草丛分开来进行影调的调整。

调整

Step 01 使用色阶调整整体影调

01 执行"文件 > 打开"命令，打开本书配套光盘中的 Reader\chapter9\media\ 草丛中的木桥 .psd 文件，单击背景图层，按下快捷键 Ctrl+J 复制图层，得到"图层 1"。

02 单击"创建新的填充或调整图层"按钮 ，在弹出的菜单中选择"色阶"命令，打开"色阶"对话框，设置左边的黑色滑标为 40，中间的灰色滑标为 0.50，完成后单击"确定"按钮，将照片调整为厚重的效果。

| Think |

为了表现草丛的厚重感，可以将中间的灰色滑标大幅度向右移动，照片的影调降下来了，而且天空出现暖色调，这正是我们需要调整的效果。

Step 02 运用蒙版为地面部分提亮

选择"色阶 1"调整图层的图层蒙版，单击画笔工具 ，设置前景色为黑色，设置画笔为"柔角 13 像素"，用毛笔在照片中间以下部位涂抹，在蒙版的作用下草地的效果显现出来。

| Think |

用画笔涂抹的时候，要根据图像显现的需要，采用不同软硬、大小的画笔来涂抹，不能一步到位，那样会显得画面死板。

01 单击图层面板中的"创建新的填充或调整图层"按钮 ，在弹出的菜单中选择"色相/饱和度"命令，在"色相/饱和度"对话框的"编辑"下拉列表中选择"黄色"选项，将它的"饱和度"设置为+60，完成后单击"确定"按钮，照片调整为暖色调。

| Think |

　　这是一张比较灰的照片，经过简单的调整，也会产生比较强烈的色彩感，有一些很美的色调会隐藏在影调之中，这就需要多尝试，可能会出现一些意外的惊喜。

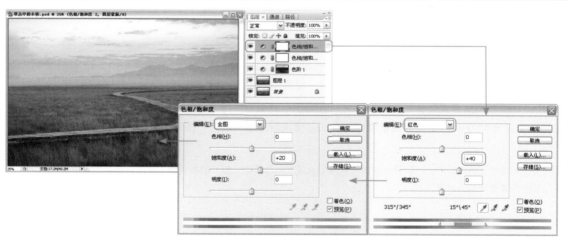

| Think |

　　在使用 Photoshop 调整时，难免要与之前的调整效果进行比较，按下 Ctrl+Z 键只能在最后两步操作之间转换。如果需要连续后退多个操作步骤时，按住 Ctrl+ Alt 键，然后连续按下 Z 键即可。

02 再次单击图层面板中的"创建新的填充或调整图层"按钮 ，在弹出的菜单中选择"色相/饱和度"命令，在"色相/饱和度"对话框的"编辑"列表中，选择"红色"与"全图"选项，分别设置"饱和度"为 +40 与 +20，完成后单击"确定"按钮。经过调整，画面中天空部分的落日色彩更加明显，呈现出更加绚丽的色调。

Step 04 使用曲线调整层次

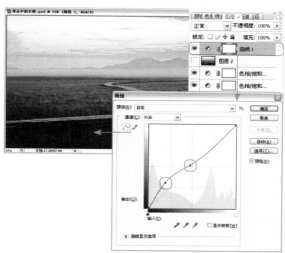

01 按下快捷键 Ctrl＋Alt＋Shift＋E 盖印图层，得到"图层 2"图层。

02 单击图层面板中的"创建新的填充或调整图层"按钮 ，在弹出的菜单中选择"曲线"命令，打开"曲线"对话框，设置两个控制点，分别向上下拖动，使影调的层次更加分明，完成后单击"确定"按钮。

> **| Think |**
>
> 在调整多个局部的同时，也要注意片子的整体把控，不能为了突出局部而削弱了整体。

03 选择"曲线 1"调整图层的图层蒙版，单击画笔工具 ，设置前景色为黑色，设置画笔为"柔角 17 像素"，将不需要调整色彩的部分擦除掉。通过这样的调整可以将天空调出理想的效果。

> **| Think |**
>
> 想要单独调整图像中的某一局部，就应该单独建立一个调整层，专门解决那一部分的问题。

Step 05 复制部分区域

01 按下快捷键 Ctrl＋Alt＋Shift＋E 盖印图层，得到"图层 4"图层。单击工具箱中的套索工具 ，将云彩的部分框选出来，执行"选择 > 修改 > 羽化"命令，在弹出的"羽化选项"对话框中设置"羽化半径"为 100 像素，完成后单击"确定"按钮，然后按下快捷键 Ctrl＋Alt＋I 反选选区，按下 Delete 将其余的部分删除。

02 在图层面板中设置图层的混合模式为"叠加"，"不透明度"为 41%，这样调整后天空的过渡更加自然。至此，本照片调整完成。

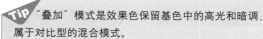

"叠加"模式是效果色保留基色中的高光和暗调，属于对比型的混合模式。

━ 雾气的早晨

技术要点 ▲ 调出画面层次感

▲ 加强色彩

▲ 表现自然光源

◉ **素材**：Reader\chapter9\media\雾气的早晨.psd

最终效果：Reader\chapter9\complete\雾气的早晨.psd

拍摄

　　本例中的照片是站在山顶拍摄的，由于天气不是很好，所以拍摄出来的照片中山峰显得不够壮观，在接下来的调整中将加强照片中的层次感，将山峰的巍峨与树木的葱郁表现得更加强烈。

调整

Step 01 调整画面色彩

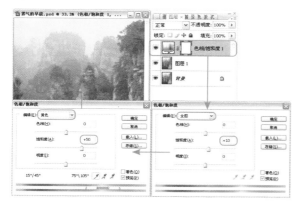

01 执行＂文件 > 打开＂命令，打开本书配套光盘中的Reader\chapter9\media\雾气的早晨.psd 文件，单击背景图层，按下快捷键 Ctrl+J 复制图层，得到＂图层 1＂。

| Think |

　　在调整的过程中，如果想对比原图的效果，可以按住 Alt 键，单击背景图层的＂指示图层可视性＂按钮 👁，即可显示原图。

02 单击图层面板中的＂创建新的填充或调整图层＂按钮 ◑，在弹出的菜单中选择＂色相／饱和度＂命令，打开＂色相／饱和度＂对话框，设置＂全图＂的饱和度为 +10，＂黄色＂的饱和度为 +50，单击＂确定＂按钮。

| Think |

　　因为整张照片比较灰，想让树木更加鲜艳，如果单纯地加强绿色的饱和度，会使整张照片看起来不自然，因此需要提高整体和黄色的饱和度。

Step 02 使用曲线调整层次

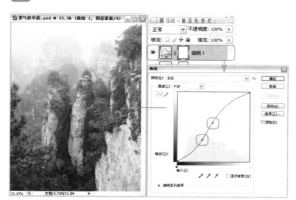

单击图层面板中的＂创建新的填充或调整图层＂按钮 ◑，在弹出的菜单中选择＂曲线＂命令，打开＂曲线＂对话框，在曲线上建立两个控制点，将亮点上提，暗点下压，曲线呈＂S＂型，这样画面的反差加大了，完成后单击＂确定＂按钮，得到＂曲线 1＂图层。

Tip ＂曲线＂命令是调色的一个重点工具，可以不丢失色彩的细节来调整光线。还可以通过在＂通道＂菜单中选择其他颜色通道。

Step 03 调整指定的颜色

单击图层面板中的"创建新的填充或调整图层"按钮 ◎.，在弹出的菜单中选择"曲线"命令，打开"曲线"对话框，在曲线上按照亮点、中间点、暗点建立三个控制点。将曲线上的亮点和暗点向下拉一点，中间点略向上提，完成后单击"确定"按钮。

| Think |

经过这样的调整可以看到后面山的层次出来了，照片更加丰富。曲线的调整没有绝对，多尝试会发现控制点细微的变化，也会有很大的差别。

Step 04 使用色相/饱和度调整

单击图层面板中的"创建新的填充或调整图层"按钮 ◎.，在弹出的菜单中选择"色相/饱和度"命令，打开"色相/饱和度"对话框，设置"全图"的饱和度为 +17，完成后单击"确定"按钮，将照片的色彩调整得更加丰富。

| Think |

提高色彩的饱和度参数可以使图像的颜色更加鲜艳，但是图像的颜色并非越鲜艳越好。如果参数过高，不仅颜色显得假，而且还会出现一些色斑，这对图像质量的破坏是非常严重的。

Step 05 使用色阶调整部分色彩

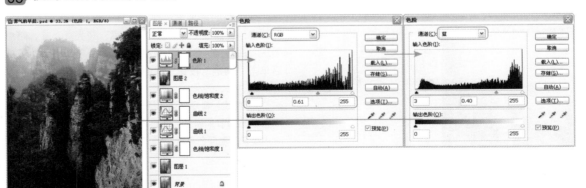

01 按下快捷键 Ctrl＋Alt＋Shift＋E 盖印图层，得到"图层 2"图层。

02 单击图层面板中的"创建新的填充或调整图层"按钮 ，在弹出的菜单中选择"色阶"命令，打开"色阶"对话框，选择"通道"下拉列表中的 RGB 选项，设置"输入色阶"的参数为 8、0.61、255，然后选择"蓝"通道，设置"输入色阶"的参数为 3、0.40、255，完成后单击"确定"按钮。

> **Tip** 盖印图层可以把所有的图层信息都合并在一个图层上。但是需要注意的是，盖印图层是对选择的当前图层以下的图层进行盖印，盖印以后放在当前图层的上一层。

Step 06 运用蒙版擦除不需要调整的部分

选择"色阶 1"调整图层的图层蒙版，单击画笔工具 ，设置前景色为黑色，设置画笔为"柔角 17 像素"，将不需要调整色彩的部分擦除掉。这样调整出的照片更有针对性。至此，本照片调整完成。

| Think |

使用蒙版将近处山脉的颜色擦除，使画面更加丰富，色彩更贴近自然。

| 欣赏 |

照片中高原上的雪景在蓝天的衬托下显得格外的耀眼，蓝天映射在湖水中使湖水也变得湛蓝。在高原上拍摄的照片即使不用调整也能使照片中的色彩趋于完美。

After

Before

辽阔草地

技术要点 | ▲ 调出草地色彩
▲ 调整天空层次感
▲ 强调阴影与高光部分

素材：Reader\chapter9\media\辽阔草地.psd

最终效果：Reader\chapter9\complete\辽阔草地.psd

拍摄

本例中的照片是在辽阔的草地中拍摄的，大朵大朵的云不紧不慢的飘过，风轻抚，吹得绿草肆意摇摆，不仅让人陶醉在这片绿浪中，激动的举起相机按下快门。回来再细看照片的时候，发现虽然把当时的情景拍摄下来了，但是色彩比较灰，在后期的处理中需要解决这一问题。

调整

Step 01 增加色彩饱和度

01 执行"文件 > 打开"命令，打开本书配套光盘中的 Reader\chapter9\media\ 辽阔草地 .psd 文件，单击背景图层，按下 Ctrl+J 复制图层，得到"图层 1"。

| Think |

在白天拍摄天空，由于角度和时间不同，会导致景物也不同，可以灵活运用，捕捉美丽瞬间。

02 单击图层面板中的"创建新的填充或调整图层"按钮 ，在弹出的菜单中选择"色相 / 饱和度"命令，打开"色相 / 饱和度"对话框，设置"全图"的"饱和度"参数为 +33，完成后单击"确定"按钮，照片色彩饱和度相对加强。

Step 02 调整天空层次感

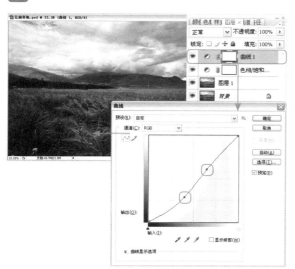

单击图层面板中的"创建新的填充或调整图层"按钮 ，在弹出的菜单中选择"曲线"命令，打开"曲线"对话框，将两个控制点向下移动，完成后单击"确定"按钮，照片整体对比度加强。

Tip "曲线"对话框中调整窗口中左下角的端点表示"阴影"，右上角的端点表示"高光"，中间部分的控点表示"中间调"，一般情况下，在调整图像时大多使用"中间调"。"高光"和"阴影"可以改变图像的整体亮度和暗度。

Step 03 加强局部色彩饱和度

单击图层面板中的"创建新的填充或调整图层"按钮 ，在弹出的菜单中选择"色相／饱和度"命令，打开"色相／饱和度"对话框，在"编辑"下拉列表中选择"全图"选项，设置"饱和度"的参数为 +9；选择"绿色"选项，设置"饱和度"为 +14；选择"蓝色"选项，设置"饱和度"为 +6，完成后单击"确定"按钮。

Step 04 调整局部色彩平衡

单击图层面板中的"创建新的填充或调整图层"按钮 ，在弹出的菜单中选择"色彩平衡"命令，在打开的"色彩平衡"对话框中，分别设置"阴影"的"色阶"参数为 −3、+8、0；"高光"的"色阶"参数为 −7、0、0，完成后单击"确定"按钮。至此，本照片调整完成。

After

Before

秋季湖边美景

技术要点 ▲ 还原真实色彩
▲ 加强水面的倒影色彩
▲ 锐化局部提高层次感

素材：Reader\chapter9\media\秋季湖边美景.psd
最终效果：Reader\chapter9\complete\秋季湖边美景.psd

拍摄

本例中的照片是在湖边拍摄的，在辽阔无边的草地上，看到一小滩湖水，湖水倒影着草地与天空，形成了迷人的景象。但是照片没有将色彩表现到位，湖面是属于近景，但是没有太多的细节，在后期的调整中，将通过锐化的方式，把画面的前后层次表现出来。

调整

Step 01 使用色阶调整整体影调

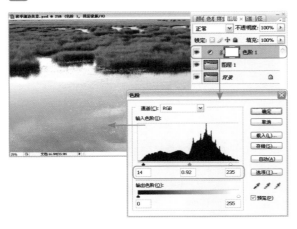

01 执行"文件 > 打开"命令，打开本书配套光盘中的 Reader\chapter9\media\秋季湖边美景.psd 文件，单击背景图层，按下快捷键 Ctrl+J 复制图层，得到"图层 1"。

02 单击"创建新的填充或调整图层"按钮 ，在弹出的菜单中选择"色阶"命令，打开"色阶"对话框，设置"输入色阶"的参数为 14、0.92、235，完成后单击"确定"按钮，照片的对比度加强。

> **Tip** 在"色阶"对话框中，选择"在图像中取样以设置黑场"吸管工具，可以改变图像的整体效果。在图像上单击某一点，会把这一点作为黑色，而其他的色阶随之发生变化。

Step 02 调整图像色彩饱和度

单击图层面板中的"创建新的填充或调整图层"按钮 ，在弹出的菜单中选择"色相 / 饱和度"命令，打开"包相 / 饱和度"对话框，选择"编辑"下拉列表中的"全图"，设置饱和度的参数为 +35，完成后单击"确定"按钮，照片中色彩的饱和度加强。

| Think |

遇到整体比较灰的照片，首先考虑调整其"色相 / 饱和度"，在调整好整体的基础上，再完善局部。

Step 03 使用色彩平衡调整影调

单击图层面板中的"创建新的填充或调整图层"按钮

，在弹出的菜单中选择"色彩平衡"命令，在打
开的"色彩平衡"对话框中选择"中间调"选项，设
置"色阶"的参数为0、0、+23，完成后单击"确定"
按钮，将湖面上天空的倒影调得更蓝。

> **Tip** 在"色彩平衡"对话框中勾选"保持亮度"复选框，
> 可以在调整图像色彩平衡时保持亮度，否则将不保持
> 亮度。

Step 04 使用蒙版擦除草地部分

选择"色彩平衡1"调整图层的图层蒙版，单击画笔
工具，设置前景色为黑色，设置画笔为"柔角200
像素"，在画面中的草丛部分涂抹。

| **Think** |

　　蒙版都不是独立的，它必须属于某一个图层，而且
只对这个所属图层起作用。

Step 05 调整草丛颜色

01 单击图层面板中的"创建新的填充或调整图层"按钮 ，在弹出的菜单中选择"色彩平衡"命令，打
开"色彩平衡"对话框，设置"中间调"的参数为0、+26、0，完成后单击"确定"按钮，照片中的绿色
饱和度更高。

02 选择"色彩平衡2"调整图层的图层蒙版，单击画笔工具 ，设置前景色为黑色，设置画笔为"柔角17
像素"，在湖水部分涂抹。

在蒙版中擦除黑色的部分，实际上并没有真正的删除图层，只是将图层暂时隐藏，如果想要重新显示并修改，只要将前景色设置为白色并在蒙版上进行涂抹就可以显示出原来的图像。

Step 06 将画面锐化

01 按下快捷键 Ctrl+Alt+Shift+E 盖印图层，得到"图层 2"图层。

> **Tip** 盖印所有可见图层的快捷键为 Ctrl+Alt+Shift+E。盖印多个图层时，先选择所有需要复制的图层，再按下 Ctrl+Alt+E 键即可。

02 执行"滤镜 > 锐化 >USM 锐化"命令，在弹出的"USM 锐化"对话框中设置"数量"的参数为 30%，"半径"的参数为 1.5 像素，"阈值"的参数为 0 色阶，完成后单击"确定"按钮。

Step 07 使用色彩平衡将饱和度提高

单击图层面板中的"创建新的填充或调整图层"按钮，在弹出的菜单中选择"色彩平衡"命令，打开"色彩平衡"对话框，设置"中间调"的参数为 0、+14、-20，完成后单击"确定"按钮，照片中的饱和度调整好了。至此，本照片调整完成。

> **Tip** 图层都是独立的，在一个图层上进行调整的时候，这个操作只对当前的图层起作用。

After

一棵树

技术要点 | ▲ 裁剪图像调整构图
▲ 去除多余部分
▲ 调整自然光源

素材：Reader\chapter9\media\一棵树.jpg
最终效果：Reader\chapter9\complete\一棵树.psd

Before

拍摄

　　本照片是在雪后的冬日拍摄的，天空无论是阳光明媚还是灰暗阴霾，雪地的反射都是非常强的，这样会使拍摄的照片色彩饱和度较低，画面缺乏层次。本照片也出现了同样的问题，在后期的调整中将对色彩与层次进行调整，必要时还可以锐化主体物，提高照片的质量。

调整

Step 01 打开素材文件

执行"文件 > 打开"命令，弹出"打开"对话框，选择本书配套光盘中的 Reader\chapter9\media\ 一棵树 .jpg 文件，单击"打开"按钮，打开图像。

| Think |

　　常用的文件格式有 PSD、TIFF、BMP、JPEG、GIF、PNG、EPS 等。在照片的处理中，不同的文件格式会影响照片的输入。JPG 格式是最常用的压缩格式，保存文件时可以设置压缩级别，其压缩功能很强，缺点是保存后的 JPG 图像的品质都会因压缩而受损，该格式的文件不可以保存图层。

Step 02 裁剪图像

单击裁剪工具 🔲，对照片进行选取，然后按下 Enter 键确定裁剪，将图像下方部分裁剪。

Tip 在 Photoshop 中，按快捷键 C 切换到裁剪工具，在图像上拖动，显示出裁剪的区域，按下 Enter 键确定裁剪。

Step 03 复制图像

执行"图层 > 复制图层"命令，在弹出的对话框中输入新名称"图层 1"，然后单击"确定"按钮，得到新命名的图层。

| Think |

> 对图像进行处理之前，建议先复制原图像再对新图层进行处理，这样可以避免损坏原图像的信息，并可以随时将图像效果与原图像进行对比。

> **Tip** 复制背景层后，可单击"背景"图层前的"指示图层可视性"按钮，隐藏"背景"图层，方便观察新建图层的效果。

Step 04 盖印去除多余部分

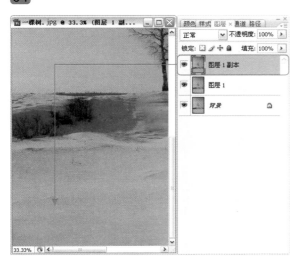

01 选择"图层 1"，将其拖移到"创建新图层"按钮，得到"图层 1 副本"。

02 单击仿制图章工具，按下 Alt 键取样，拖动鼠标，在图像左下方的部分涂抹。

> **Tip** 使用仿制图章工具可以复制特定区域的部分或全部图像并粘贴到指定区域，复制的图像是原样照搬的，即取样的区域和复制区域的图像像素完全一致。仿制图章工具可以在同一个图像的不同区域使用，也可以在两个图像上使用。但两个图像的颜色模式必须一致。

> **Tip** 修复画笔工具、修补工具与仿制图章工具都是复制采样，然后粘贴到另外的区域，且采样区域与复制区域的像素相同。修复画笔工具主要复制相对较小的面积，修补工具主要复制大面积。它们与仿制图章工具最大的不同在于过渡效果柔和并且与采样区域的颜色相差无几，而仿制图章工具就照搬采样区图像的颜色，过渡效果较为生硬。

第 9 章 自然风景照片的色彩调整

191

Step 05 使用色阶调整整体色调

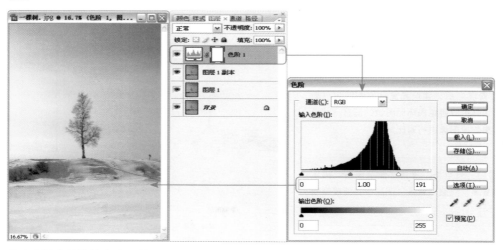

单击"创建新的填充或调整图层"按钮 ▣ ，在弹出的菜单中选择"色阶"命令，打开"色阶"对话框，设置"输入色阶"参数从左到右依次为 0、1.00、191，完成设置后单击"确定"按钮，将照片的对比度加强。

> **Tip** 在色阶直方图中有三个滑标，黑色滑标为黑场滑标，用来设置最暗的黑点；白色滑标为白场滑标，用来设置最亮的白点；灰色滑标用来设置图像的中间亮度。

Step 06 使用曲线调整图像反差

单击图层面板中的"创建新的填充或调整图层"按钮 ▣ ，在弹出的菜单中选择"曲线"命令，打开"曲线"对话框，拖动鼠标将三个控制点移动为 S 型曲线，完成后单击"确定"按钮，画面变亮了。

> **Tip** 将三个控制点调整为 S 型的曲线，中间的控制点不变，右上角的控制点向上移动一点，左下角的控制点向下移动一点，通过这样的调整扩大了图像的亮调和暗调的空间范围，图像的反差增强。

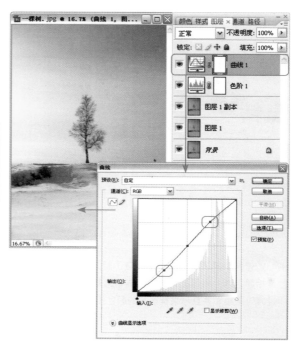

Step 07 使用色彩平衡调整个别色

单击图层面板中的"创建新的填充或调整图层"按钮，在弹出的菜单中选择"色彩平衡"命令，打开"色彩平衡"对话框，在对话框中选择"中间调"选项，设置"色阶"的参数为-5、0、0，完成后单击"确定"按钮，画面中的青色相对减弱。

> **Tip** "色彩平衡"命令可增加图像色彩的层次感。其中"保持明度"选项可以防止图像的亮度值随颜色的更改而改变。该选项可以保持图像的色调平衡。

Step 08 使用变化命令调整

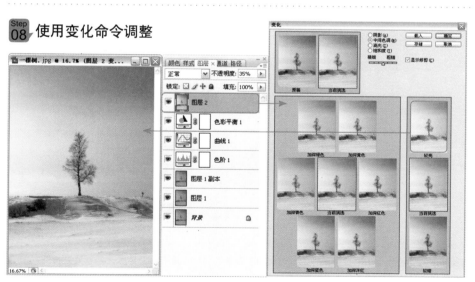

01 按下快捷键 Ctrl+Alt+Shift+E 盖印图层，得到"图层 2"。

02 执行"图像 > 调整 > 变化"命令，打开"变化"对话框，在对话框中单击右边的"较亮"视图窗口，完成后单击"确定"按钮。

> **Tip** "变化"命令是通过显示代替物的缩览图，使其调整图像的色彩平衡、对比度和饱和度。此命令对于不需要精确颜色调整的平均色调图像最为有用。单击缩览图产生的效果是积累的，每单击一个缩览图时，其他缩览图都会更改。

Step 09 使用套索工具选取局部

01 按下快捷键 Ctrl+Alt+Shift+E 盖印图层，得到"图层 3"。

02 单击套索工具 ，将主体物部分框选。

> **Tip** 使用套索工具绘制选区的过程中，有时会需要转换为另一种套索工具，放开鼠标再去选择会使选区的创建中断，配合快捷键就可以避免这种问题的发生。按住 Alt 键单击就能切换，但是有局限性。在使用自由套索工具时，按住 Alt 键只能在自由套索工具与多边形套索工具之间切换；使用多边套索工具时则无法切换；使用磁性套索工具时只能在磁性套索工具与多边形套索工具之间切换。

03 选择"图层 3"，执行"选择 > 修改 > 羽化"命令，在弹出的"羽化选区"对话框中设置"羽化半径"为 30 像素，完成后单击"确定"按钮。

> **Tip** 羽化主要用于虚化选区的边缘，在制作合成效果的时候会得到较柔和的过渡。"羽化"选项的快捷键为 Alt+Ctrl+D。

> **Tip** "羽化"命令和选项栏上的"羽化"选项是有区别的。选项栏上设置羽化值，是在绘制选区之前就要进行的，如果绘制完选区后，再在选项栏中设置羽化值是无效的。"羽化"命令正好相反，在绘制完选区后才能执行"羽化"命令。这两种羽化方法得到的效果是相同的，只是设置的前后顺序不同。

执行"滤镜 > 锐化 >USM 锐化"命令,打开"USM
锐化"对话框,在对话框中设置"数量"为 50%,"半径"
为 1.5 像素,"阈值"为 0 色阶,单击"确定"按钮,
画面的质量提高。至此,本照片调整完成。

Tip "USM 锐化"滤镜可以锐化图像的边缘,使边缘
生成明显的分界线,图像清晰。该命令可以在对话框
中设置锐化程度,其他的滤镜则不能。

| 欣赏 |

花卉的拍摄,色彩的真实还原是拍摄的重点,其次是构图的美观,该照片将花朵的
嫩黄色表现得十分到位。

第9章 自然风景照片的色彩调整

初秋公路两旁的树叶开始发黄，路微湿，整张照片的色调为灰黄绿色，体现雨后的景象。

第10章

落日余晖照片的润色技法

夜景照片也是摄影爱好者经常拍摄的照片类型，它的特殊光线形成朦胧的美感，但由于光线比较暗，对色彩的真实捕捉相对减弱。为拍摄出夜景朦胧的美感，一般不开闪光灯，所以，在夜景照片的后期处理中，还原真实色彩为照片润色是首先需要解决的问题。

After

Before

雪地中的落日

技术要点 ▲ 调整天空色调

▲ 还原真实光源

▲ 表现落日效果

素材：Reader\chapter10\media\雪地中的落日.psd

最终效果：Reader\chapter10\complete\雪地中的落日.psd

拍摄

　　本例中的照片是在黄昏时拍摄的，由于是在雪地中，雪地映射出了落日的昏黄，场景非常美观。但是照片整体色彩比较灰暗，同时又是逆光拍摄，使得一些色彩没有捕捉到位，暗部缺乏层次感，这些都需要在后期调整的过程中——还原。

调整

Step 01 调整天空色调

01 执行"文件 > 打开"命令，打开本书配套光盘中的 Reader\chapter10\media\雪地中的落日.psd 文件，单击背景图层，按下 Ctrl+J 复制图层，得到"图层 1"。

02 单击图层面板中的"创建新的填充或调整图层"按钮 ，在弹出的菜单中选择"色阶"命令，打开"色阶"对话框，将左右两边的黑白场滑标向中间的灰度滑标移动，单击"确定"按钮，可以看到色调增强的效果。

> 　"色阶"命令可以校正整体的色调或颜色，它也可以精确调整图像中的暗调、亮调和中间调。

Step 02 使用蒙版还原雪地影调

选择"色阶 1"调整图层的图层蒙版，单击画笔工具 ，设置前景色为黑色，设置画笔为"柔角 65 像素"，用画笔在照片中天空以下的部分涂抹，使雪地部分还原为清晰的影调。

> 　创建快速蒙版和退出蒙版编辑模式的快捷键为 Q。

第10章 落日余晖照片的润色技法

199

Step 03 调整整体色调

单击图层面板中的"创建新的填充或调整图层"按钮，在弹出的菜单中选择"色相/饱和度"命令，打开"色相/饱和度"对话框，"饱和度"的参数设置为 +30，完成后单击"确定"按钮，提高图像色彩的饱和度。

> **Tip** 通过色彩饱和度的调整，画面中太阳光的色彩更加鲜艳，照片质量有所提高。

Step 04 使用曲线调整对比度

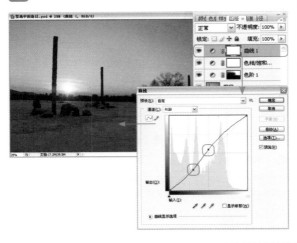

单击图层面板中的"创建新的填充或调整图层"按钮，在弹出的菜单中选择"曲线"命令，打开"曲线"对话框，将两个控制点分别向上、下移动，完成后单击"确定"按钮，天空与地面的对比度加大了。

> **| Think |**
> 此次调整的目的主要是将天空中蓝色的对比度加强，使用"曲线"命令让图像中指定的色调范围变亮或变暗，除了校正图像，还可以创建出特殊的效果。

Step 05 使用蒙版显示雪地

选择"曲线 1"调整图层的图层蒙版，单击画笔工具，设置前景色为黑色，设置画笔为"柔角 65 像素"，用画笔在天空以外部分涂抹，在蒙版的作用下雪地的效果显现出来。

> **| Think |**
> 通过蒙版的调整，使光影之间的轮廓更清晰，画面更加完整。

Step 06 调整图像颜色通道的亮度

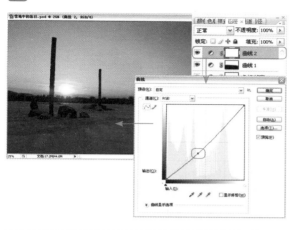

单击图层面板中的"创建新的填充或调整图层"按钮 ，在弹出的菜单中选择"曲线"命令，打开"曲线"对话框，将控制点向下移动，完成后单击"确定"按钮，将画面的影调降低。

| **Think** |

在运用"曲线"命令的时候，要记住两点：曲线下降，图像变暗；曲线上升，图像变亮。

Step 07 使用蒙版降低部分明度

选择"曲线2"调整图层的图层蒙版，单击画笔工具 ，设置前景色为黑色，设置画笔为"喷枪柔边圆形65"，用画笔在地平线以外部位涂抹，通过这样的调整地平线颜色加深，照片有了纵深感。至此，本照片调整完成。

Tip 与矢量蒙版相比，图层蒙版可以产生羽化的效果，也可以使用绘图工具或滤镜进行编辑，使图像的效果更加丰富自然。

| **欣赏** |

该照片拍摄的是海边的风景，将落日余晖的美感表现得淋漓尽致，海水映照出天空的颜色，整个画面呈现出橙黄色调。

After

水天一色

技术要点
- ▲ 还原自然色
- ▲ 调整整体层次
- ▲ 调出黄昏效果

素材：Reader\chapter10\media\水天一色.psd
最终效果：Reader\chapter10\complete\水天一色.psd

Before

拍摄

本例中的照片是在落日时拍摄的，天空的云朵映照在湖面上，形成水天一色的壮观景色。照片的构图完整，但是色彩效果一般，没有将夕阳的暖黄色表现出来，云彩间的对比也不够强烈。

调整

Step 01 使用色阶调整影调

01 执行"文件 > 打开"命令，打开本书配套光盘中的 Reader\chapter10\media\ 水 天 一 色 .psd 文件，单击背景图层，按下 Ctrl+J 复制图层，得到"图层 1"。

02 单击图层面板中的"创建新的填充或调整图层"按钮 ，在弹出的菜单中选择"色阶"命令，打开"色阶"对话框，在"通道"下拉列表中选择 RGB 通道设置"输入色阶"为 24、1.18、255，完成后单击"确定"按钮。

| Think |

通过色阶的调整使画面的效果更加逼真，根据画面本身可以选择不同通道进行调整，这里使用 RGB 通道进行调整的。

Step 02 使用蒙版将中间部分还原

选择"色阶 1"调整图层的图层蒙版，单击画笔工具 ，设置前景色为黑色，设置画笔为"柔角 21 像素"，将画面中间部分擦除掉。

| Think |

经过色阶调整后，整张照片对比加强，但是画面中间部分过黑，缺乏层次感，影响画面质量，使用蒙版将其擦去。

Step 03 调整指定的颜色

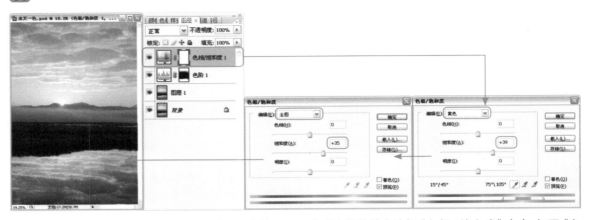

单击图层面板中的"创建新的填充或调整图层"按钮 ，在弹出的菜单中选择"色相/饱和度"命令，打开"色相/饱和度"对话框，在对话框中单击"编辑"下拉按钮，选择"黄色"选项，设置"饱和度"为 +39，再选择"全图"选项，设置"饱和度"为 +35，完成后单击"确定"按钮。

| Think |

通过色彩的调整，照片中呈现出夕阳西下的暖黄色调。但还是觉得画面亮度不够，偏灰，下一步将调整亮度。

Step 04 整体色彩调整

单击图层面板中的"创建新的填充或调整图层"按钮 ，在弹出的菜单中选择"色彩平衡"命令，打开"色彩平衡"对话框，先勾选"阴影"选项，设置"色阶"参数为 +4、0、0；然后勾选"高光"选项，设置"色阶"参数为 0、0、－14，完成后单击"确定"按钮，将照片明暗层次调整得更加清晰。

| Think |

在使用"色彩平衡"命令调整图像的时候，应配合不同的场景选择最适合的颜色，来凸显照片的韵味。

01 单击图层面板中的"创建新的填充或调整图层"按钮 ⬤，在弹出的菜单中选择"色彩平衡"命令，打开"色彩平衡"对话框，在对话框中分别设置"阴影"的参数为-10、0、+22；"中间调"的参数为-17、0、+25；"高光"的参数为-7、0、0，完成后单击"确定"按钮，照片中加入了蓝紫色调。

| Think |

　　蓝紫色的加入是为了给天空增添一些颜色，使画面更加丰富。通过整体的调整，下面一步会使用蒙版工具，将不需要调整色彩的地方涂抹。

02 选择"色彩平衡2"调整图层的图层蒙版，单击画笔工具 ✏️，设置前景色为黑色，设置画笔为"柔角17像素"，将天空以外的部分擦除掉。至此，本照片调整完成。

| 欣赏 |

　　傍晚的江景是摄影爱好者经常拍摄的题材。夕阳西下，阳光映射到江面上形成了倒影的效果。整张照片中云朵很厚很浓为画面增添了很强的意境感。

Before

— 黄昏

技术要点 | ▲ 提亮整体影调
▲ 还原天空色彩
▲ 调出画面层次感

 素材：Reader\chapter10\media\黄昏.psd
最终效果：Reader\chapter10\complete\黄昏.psd

拍摄

　　本例中的照片是在雪地中拍摄的,构图的透视感很强,采用视点扩散的方式。整张照片偏灰,色调不是很明显,可以先整体提升照片的影调,铁路的对比也应该加强,再运用蒙版调整天空的色彩,将落日余晖的昏黄感觉调出来。

调整

Step 01 提亮整体色调

01 执行"文件 > 打开"命令,打开本书配套光盘中的 Reader\chapter10\media\黄昏.psd 文件,单击背景图层,按下 Ctrl+J 复制图层,得到"图层 1"。

02 单击"创建新的填充或调整图层"按钮 ⊘.,在弹出的菜单中选择"色阶"命令,打开"色阶"对话框,设置 RGB 通道的色阶参数为 17、1.60、237,完成后单击"确定"按钮,将图像的整体亮度提高。

> **Tip** 使用调整图层命令来调整图片的颜色,可以再次单击图层面板上的缩略图,以便重新切换到对话框中进行颜色调整。

Step 02 提亮部分色调

选择"色阶 1"调整图层中的图层蒙版,单击画笔工具 ,设置前景色为黑色,设置画笔为软画笔,用画笔在照片的中间地平线部位涂抹,在蒙版的作用下将天空与铁路周围的调子提亮。

> **Tip** 编辑图像时利用图层蒙版显示或隐藏图层的部分内容,可以使部分图像不被编辑,这是编辑局部图像中最常用的方式。

Step 03 使用曲线调整铁路的对比度

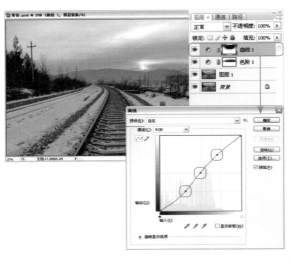

01 单击图层面板中的"创建新的填充或调整图层"按钮 ，在弹出的菜单中选择"曲线"命令，打开"曲线"对话框，设置三个控制点，中间的控制点不变，将两边的控制点分别向上、下移动，完成后单击"确定"按钮，照片的明暗对比度加强。

02 选择"曲线 1"调整图层中的图层蒙版，单击画笔工具 ✐，设置前景色为黑色，设置画笔为软画笔，用画笔在照片的天空部位涂抹，在蒙版的作用下将铁路的对比度提高，使画面看起来更有分量。

Step 04 使用色彩平衡调整色调

01 单击图层面板中的"创建新的填充或调整图层"按钮 ，在弹出的菜单中选择"色彩平衡"命令，打开"色彩平衡"对话框，设置"中间调"的色阶参数分别为 +44、0、−16，完成后单击"确定"按钮，照片的色调调整为暖色调。

> **Tip** "色彩平衡"命令是通过混个各种色彩来校正图像中出现的偏色现象，快捷键为 Ctrl+B。

02 选择"色彩平衡 1"调整图层中的图层蒙版，然后单击画笔工具 ✐，设置前景色为黑色，设置画笔为软画笔，用画笔在照片的地面部分涂抹，在蒙版的作用下将天空调整为暖色，表现出落日余晖的效果。

> **Tip** 背景层不能创建图层蒙版，如果要在背景层上编辑，需要在背景层上双击，在弹出的对话框中单击"确定"按钮，将其转变为普通图层。

03 按下快捷键 Ctrl+Alt+Shift+E 盖印图层，得到"图层 2"图层，将图层面板中的图层混合模式设置为"柔光"，"不透明度"设置为 35%。至此，本照片调整完成。

| **Think** |

　　"柔光"混合模式的设置，使照片中的云彩更加柔美。

| **欣赏** |

这张照片是在一条老街上拍摄的，通过闪光灯的运用，将夜晚的灯光拍摄出不同的颜色，为画面增添了色彩的对比。

第10章 落日余晖照片的润色技法

After

Before

海边晚霞

技术要点 ▲ 添加落日效果

▲ 还原黄昏色彩

▲ 整体影调调整

 素材：Reader\chapter10\media\海边晚霞.psd

最终效果：Reader\chapter10\complete\海边晚霞.psd

拍摄

这是一张普通的海景照片，由于是在傍晚拍摄的，因此光线较弱，使得整张照片看起来比较灰暗。部分礁石处于背光中，所以细节部分没有很好地表现出来，将通过后期的调整，还原一张色彩丰富的晚霞落日景象。

调整

Step 01 复制原图层

01 执行"文件 > 打开"命令，在弹出的对话框中选择本书配套光盘中的 Reader\chapter10\media\海边晚霞.psd 文件，单击"打开"按钮，打开素材文件。

02 将"背景"图层拖至"创建新图层"按钮 ▣ 上，复制"背景"图层，得到"背景 副本"图层。

> **| Think |**
>
> 在对图像处理之前，建议先复制原图层后再对新图层进行处理，这样可以避免损坏原图像的相关信息，并可随时将图像效果与原图像做对比。

Step 02 调整海水影调

01 单击"创建新的填充或调整图层"按钮 ◐，在弹出的菜单中选择"色阶"命令，打开"色阶"对话框，设置 RGB 通道的色阶参数为 38、1.19、255，单击"确定"按钮，将图层的整体亮度提高。

> **Tip** 使用"色阶"对话框中的通道也可以对 RGB 的每个颜色调整图像的阴影、中间调和高光的强度级别，对局部偏色情况可通过色阶来修正，从而校正图像的色调范围和颜色平衡。
>
> 在任何颜色或色调调整命令的对话框中选择"预览"选项，"直方图"面板将显示调整命令对直方图产生影响的预览。

02 选择"色阶 1"调整图层的图层蒙版，单击套索工具 ⬚，将天空部分框选，设置属性栏中"羽化"参数为 20px。

03 按下快捷键 D 将前景色与背景色设置为默认的黑色和白色，然后按下快捷键 Alt＋Delete 将其填充为黑色，天空部分被遮盖。

> **Tip** 如果要临时关闭蒙版，按住 Shift 键，单击需要关闭的蒙版图标，可以看到蒙版上出现了一个红色的叉，该蒙版就被临时关闭了。

Step 03 使用色彩平衡调整海水颜色

01 单击图层面板中的"创建新的填充或调整图层"按钮 ⬤，在弹出的菜单中选择"色彩平衡"命令，打开"色彩平衡"对话框，在"色彩平衡"对话框中，勾选"中间调"选项，设置"色阶"的参数为＋47、－15、－39，完成后单击"确定"按钮，使画面呈现偏红的色调。

> **Tip** "色彩平衡"命令用于更改图像中的颜色混合，使图像的色调平衡，调整色彩平衡可以移去不需要的色痕或者校正过度饱和或不饱和的颜色。

02 选择"色彩平衡 1"调整图层的图层蒙版，单击画笔工具 ✐，设置前景色为黑色，设置画笔为"柔角100 像素"，将天空部分用画笔涂抹，这样就出现了海面的暖色调效果。

| Think |

蒙版中的黑色部分只是将图层暂时隐藏。如果想重新显示并修改，只要将前景色设置为白色并在蒙版上进行涂抹就可以显示原图像。

> **Tip** 利用键盘中的方向键对复制所得的图像进行微调。按住 Shift 键并按下键盘中的方向键，可实现长距离微调。

使用曲线调整天空色调

单击图层面板中的"创建新的填充或调整图层"按钮
，在弹出菜单中选择"曲线"命令，打开"曲线"
对话框，按住曲线并向下方移动，单击"确定"按钮，
画面中天空部分呈现淡蓝色的效果。

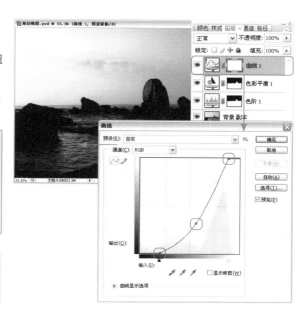

> **Tip** "曲线"命令与"色阶"命令都可以用来调整图像
> 的色彩与色调，"色阶"命令是针对图像的暗调、中间
> 调与亮调的调整。"曲线"命令是针对于图像不同点的
> 调整，使图像中指定的色调范围变亮或变暗，除了校
> 正图像，还可以创建特殊效果。

| **Think** |

　　在调整大自然色彩的时候，为寻求真实效果，要遵
循自然界的规律，不能够违反常规。

使用曲线调整整体色调

单击图层面板中的"创建新的填充或调整图层"按钮 ，在弹出菜单中选择"曲线"命令，打开"曲线"对话框，
单击通道下拉按钮，在弹出的列表中选择"红"选项，按住曲线并向上方移动，然后再单击通道下拉按钮，
在弹出的列表中选择"蓝"选项，设置四个控制点进行调整，单击"确定"按钮，使画面呈现出落日景象。

> **Tip** "曲线"对话框中调整窗口左下角的端点表示"阴影"，右上角的端点表示"高光"，中间部分的控点表示"中间调"，
> 一般情况下，在调整图像时大多使用"中间调"。

第10章 落日余晖照片的润色技法

Step 06 加深天空影调

01 按下快捷键 Ctrl+Alt+Shift+E 盖印图层，得到"图层 1"。

02 单击加深工具 ，设置画笔为"喷枪柔边圆形 200"，在天空部分涂抹，画面呈现更加协调的色调。

> **Tip** 加深工具可以对图像的颜色进行加深，同时保留图像的色彩。在照片的处理中加深照片的部分颜色，可以达到局部变暗的效果。

Step 07 镜头光晕效果

01 将"图层 1"图层拖至"创建新图层"按钮 上，复制"图层 1"图层，得到"图层 1 副本"图层。

02 执行"滤镜 > 渲染 > 镜头光晕"命令，打开"镜头光晕"对话框，在对话框中设置"亮度"的参数为 100%，在"镜头类型"复选框中勾选"50-300 毫米变焦"，单击"确定"按钮，画面中的落日呈现出来。

> **Tip** "镜头光晕"滤镜使用模拟摄影镜头，在"镜头光晕"对话框中选择不同的镜头类型可以得到不同的效果。上面是明亮光线时，光线射入镜头后所产生的折射效果，这是一种经典的光晕效果处理手法。

Step 08 使用曲线整体调整

单击图层面板中的"创建新的填充或调整图层"按钮 ，在弹出菜单中选择"曲线"命令，打开"曲线"对话框，设置三个控制点进行调整，调整后单击"确定"按钮，画面更加统一。至此，本照片调整完成。

> **Tip** 按下快捷键 Ctrl+Z 还原操作；按下快捷键 Ctrl+Alt+Z 后退一步操作，按此反复操作可逐步还原，或者直接在"历史记录"面板中选择需要返回的步骤。

After

Before

黄昏的城市上空 ————

技术要点 ▲ 加强光影效果
▲ 表现黄昏色彩
▲ 调出光晕效果

素材：Reader\chapter10\media\黄昏的城市上空.jpg
最终效果：Reader\chapter10\complete\黄昏的城市上空.psd

拍摄

本例中的照片是在高处拍摄的，在落日余晖中，一群鸽子飞过城市上空，经过楼房与太阳的时候，举起相机按下了快门。照片的构图完整，拍摄出一种剪影的效果，但缺乏主次关系，可以通过光影的调整，将太阳强化。

调整

Step 01 打开素材文件

执行"文件 > 打开"命令，打开本书配套光盘中的 Reader\chapter10\media\黄昏的城市上空.jpg 文件，单击"打开"按钮，打开素材。

> **Tip** 还可以单击属性栏中的"文件浏览器"按钮 打开文件。"文件浏览器"具备图像浏览功能，还包括图像信息的浏览和图像的旋转、重命名等功能。

Step 02 复制背景图层

将"背景"图层拖移至"创建新图层"按钮 上，复制"背景"图层，得到"背景 副本"图层。

> **Tip** 将图像拷贝到其他文件中，可按下快捷键 Ctrl+A 全选图像，然后按下快捷键 Ctrl+C 复制图像，再切换到其他文件按下快捷键 Ctrl+V 粘贴图像，会自动生成新图层。

Step 03 添加填充图层

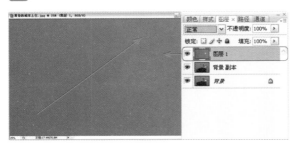

01 单击图层面板下方的"创建新图层"按钮 ，得到"图层 1"。

02 设置前景色为 R101、G93、B85，背景色为 R139、G109、B88，然后单击渐变工具 ，从左下方向右上方拖动光标，绘制一个渐变填充。

> **Tip** 渐变工具可以阶段性的对图像进行任意方向的填充，经常作为背景使用或者表现图像颜色的自然过渡。

Step 04 设置图层混合模式

选择"图层 1",将图层面板上方的图层混合模式设置为"色相",然后单击橡皮擦工具 ，画笔设置为"尖角 19 像素",在太阳的部分擦除。

Tip "色相"模式是将混合色图像的基本色应用到基色图像中,并且保持基色的亮度和饱和度。

Step 05 使用色阶调整光影部分

01 单击图层面板中的"创建新的填充或调整图层"按钮 ,在弹出的菜单中选择"色阶"命令,打开"色阶"对话框,单击"通道"下拉按钮,选择 RGB 选项,然后设置"输入色阶"为 0、1.19、134,完成后单击"确定"按钮。

02 选择"色阶 1"调整图层的图层蒙版,单击画笔工具 ,设置前景色为黑色,设置画笔为"喷枪柔边圆形 200",将太阳以外的部分用画笔涂抹,照片中的太阳更加明亮。

Tip 如果想单独查看蒙版效果,按住 Alt 键的同时在蒙版缩略图上单击即可。再次执行上述操作,恢复为图层显示状态。

| Think |

从快速蒙版模式切换到标准模式时,Photoshop 会将颜色灰度值大于 50% 的像素转换为被遮盖区域,而颜色灰度值小于或者等于 50% 的像素换为选取范围。

Step 06 使用照片滤镜加强色调

01 单击图层面板中的"创建新的填充或调整图层"按钮 ⊙ ，在弹出的菜单中选择"照片滤镜"命令，打开"照片滤镜"对话框，单击"滤镜"选项，选择下拉列表中的"加温滤镜（85）"，设置"浓度"为50%，单击"确定"按钮。

02 选择"照片滤镜1"调整图层的图层蒙版，单击画笔工具 ⧄ ，设置前景色为黑色，设置画笔为"喷枪柔边圆形300"，将太阳以外的部分用画笔涂抹，照片中的昏黄色调出现。

> **Tip** 使图层蒙版处于选中状态，按下快捷键 Ctrl+I 反向，可以使显现与遮挡的图像反相。

Step 07 填充模糊光晕效果

01 单击图层面板下方的"创建新图层"按钮 ⊞ ，得到"图层2"。

02 单击椭圆选框工具 ⊙ ，在太阳的部分绘制一个圆形，将其羽化为80px，然后填充为 R23、G157、B98。

03 设置图层混合模式为"饱和度"，"不透明度"为55%。

> **|Think|**
> 饱和度是将混合图像的饱和度应用到基色图像中，效果色保持基色图像的亮度和色值，并且可以使效果色中的一些区域变为黑色或白色。

04 选择"图层2"，单击图层面板下方的"添加图层蒙版"按钮 ▢ ，将"图层2"转换为蒙版模式，单击画笔工具 ⧄ ，设置前景色为黑色，设置画笔为"尖角20像素"，将太阳的部分用画笔涂抹，照片中的太阳部分光源更加清晰。

<table>
<tr><td>Tip</td><td>按下 B 键可快速切换到画笔工具。使用画笔工具时，按住 Alt 键画笔可切换为吸管工具，在画面吸取颜色后松开 Alt 键，吸管工具即恢复为画笔工具。</td></tr>
</table>

Step 08 锐化图像

01 按下快捷键 Ctrl+Alt+Shift+E 盖印图层，得到"图层 3"图层。

02 执行"滤镜 > 锐化 > 锐化"命令，将图像锐化，画面更加清晰。

<table>
<tr><td>Tip</td><td>锐化工具可以增加相邻像素的对比度，将较软的边缘明显化，并使图像对焦。但过度使用将会导致图像严重失真，所以对图像锐化必须要适度。</td></tr>
</table>

Step 09 使用曲线调整局部

01 选择"图层 3"，单击椭圆选框工具 ，绘制一个太阳大小的圆形，按下快捷键 Ctrl+J，得到"图层 4"。

| Think |

　　创建选区后，还需要进一步更加细微的调整，以得到理想的效果。可以对选区进行微调，包括移动、修改、反向、扩大选区、选取相似以及变换选区等。

02 单击图层面板中的"创建新的填充或调整图层"按钮 ，在弹出的下拉列表中选择"曲线"命令，在打开的"曲线"对话框中，选择"通道"下拉列表中的 RGB 通道，将四个控制点分别向上、下移动，单击"确定"按钮。

将选区单独选出来，再进行调整可单独调整局部。这样更有针对性，在图像中的效果会更明显。

Step 10 复制图层

将"图层2"图层拖移至"创建新图层"按钮 上，复制"图层2"图层，得到"图层2副本"图层。

| Think |

复制光晕效果，画面的太阳附近会更亮。适当调整透明度，使画面产生层次感。

Step 11 使用照片滤镜添加光晕色彩

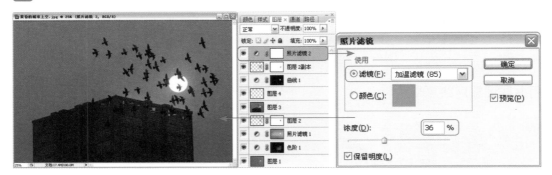

单击图层面板中的"创建新的填充或调整图层"按钮 ，在弹出的菜单中选择"照片滤镜"，打开"照片滤镜"对话框，单击"滤镜"选项，选择下拉列表中的"加温滤镜（85）"，设置"浓度"为36%，单击"确定"按钮。至此，本照片调整完成。

第11章

人文景观照片的色彩调整

　　本章介绍的是人文景观照片的修饰与调整。人文景观中会有一些建筑风景，它们的结构复杂，受光面与背光面的对比强烈，因此会造成一些阴影部分过黑，从而没有细节，　这就需要在后期的调整中着重表现景观照片的光影关系，并体现建筑物的质感。

After

Before

建筑空间

技术要点 | ▲ 改变画面色调
▲ 制作怀旧效果
▲ 调整图像光源

素材：Reader\chapter11\media\建筑空间.jpg
最终效果：Reader\chapter11\complete\建筑空间.psd

拍摄

　　该照片是在艺术工作室的附近拍摄的，露天开放式走廊，形成的远近透视关系，水泥质感的建筑与红色的墙面形成强烈对比，非常独特。照片的构图和影调都不错，在后期的处理中可以加入一些色调与特殊效果，为照片增添一些非主流气息。

调整

Step 01 复制背景图层

执行“文件 > 打开”命令，打开本书配套光盘中的 Reader\chapter12\media\建筑空间.jpg 文件，单击背景图层，按下快捷键Ctrl+J复制图层，得到“图层1”。

> **Tip** 复制“背景”图层后，不仅可以调整图层中的“不透明度”，而且还能为图层添加图层蒙版。

Step 02 调整整体色彩

单击图层面板中的“创建新的填充或调整图层”按钮，在弹出的菜单中选择“通道混合器”命令，打开“通道混合器”对话框，在“输出通道”的下拉列表中选择“蓝”通道，设置“绿色”的参数为100%，单击“确定”按钮，画面调整为冷色调。

> **Tip** “通道混合器”主要是利用颜色信息的通道来混合通道的颜色，从而改变图像的颜色。其中，“输出通道”和“源通道”是基本通道，调整各项参数，可以形成不同的图像颜色。“单色”复选框可以将图像调整为黑白效果。

Step 03 反相调整

01 按下快捷键 Ctrl+Alt+Shift+E 盖印图层，得到"图层 2"图层。

02 选择"图层 2"，按下快捷键 Ctrl+I，将图像颜色和色调反相。

Tip 也可执行"图像 > 调整 > 反相"命令，将图像调整为反相。利用"反相"命令主要是反转图像的亮度，将原图像中的黑色变为白色，白色变为黑色，对图像的色相进行反相处理。在处理照片中，该命令并不是很常用，通常用于对照片中的部分进行处理以及特殊处理。反相处理后照片转为负片效果，与照片的底片有些相似。

03 选择"图层 2"，设置图层面板上方的图层混合模式为"颜色"，"不透明度"为 29%，画面呈现出冷灰色调。

Tip 颜色混合模式可以使图像在叠加的同时保持背景的明度，在背景上进行自然叠加。

Step 04 使用色阶调整整体影调

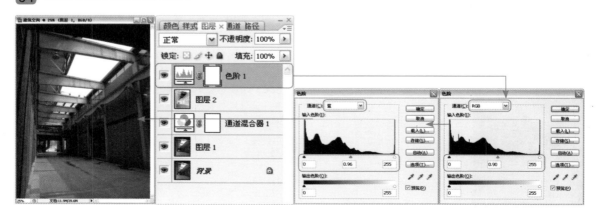

单击"创建新的填充或调整图层"按钮 ⊘.，在弹出的菜单中选择"色阶"命令，打开"色阶"对话框，在"通道"下拉列表中选择 RGB 通道，设置"输入色阶"的参数为 0、0.90、255，然后在"通道"下拉列表中选择"蓝"通道，设置"输入色阶"的参数为 0、0.96、255，单击"确定"按钮，将图层的对比度加强。

> **Tip** 如果需要设置色阶的黑场，单击黑场按钮后，在图像的某一点上单击，并把这一点作为黑色，其他的色阶会随之变化。图像上比选择点暗的部分会变为黑色。

Step 05 调整画面对比色调

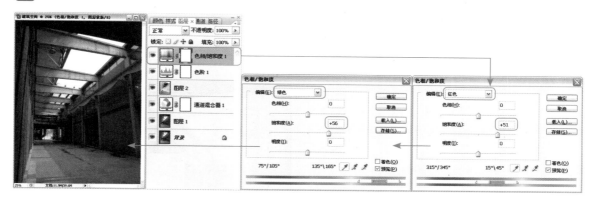

单击图层面板中的"创建新的填充或调整图层"按钮 ⊘.，在弹出的菜单中选择"色相/饱和度"命令，打开"色相/饱和度"对话框，在"编辑"下拉列表中选择"红色"，设置"饱和度"的参数为 +51，然后在"编辑"下拉列表中选择"绿色"，设置"饱和度"的参数为 +56，单击"确定"按钮，照片的红绿对比加强。

> **| Think |**
>
> 如果对颜色的调整还不熟练，在调整的初级阶段可以使用"自动颜色"命令调整。

Step 06 使用曲线加深影调

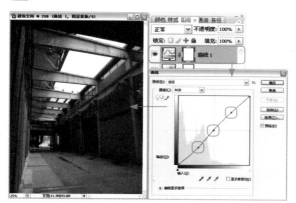

01 单击图层面板中的"创建新的填充或调整图层"按钮 ⊘.，在弹出的菜单中选择"曲线"命令，打开"曲线"对话框，在"通道"下拉列表中选择 RGB 通道，分别向上、下移动控制点，完成后单击"确定"按钮，照片的影调加深。

> **Tip** 在"曲线"命令的调整中，可以单独调整照片某个通道的色阶值。

02 选择 "曲线 1" 调整图层的图层蒙版，单击画笔工具 ✐，设置前景色为黑色，设置画笔为 "柔角 50 像素"，在画面左边较亮的部分涂抹。

> **Tip** 运用画笔的时候，要根据受光规律来涂抹，画面左边部分属于受光较多的地方，右下角属于受光较少的地方。

Step 07 使用色阶加强对比度

单击 "创建新的填充或调整图层" 按钮 ◑，在弹出的菜单中选择 "色阶" 命令，打开 "色阶" 对话框，设置 "输入色阶" 的参数为 22、1.25、255，完成后单击 "确定" 按钮，照片的对比度加强。

> **Tip** "色阶" 对话框的通道下拉列表中有复合通道和单个通道，选择复合通道改变整个图像的色调或颜色；选择单个通道只改变某种颜色而不影响其他通道，但会出现偏色现象。

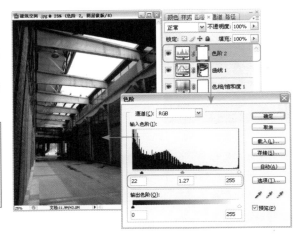

Step 08 使用色相/饱和度提高饱和度

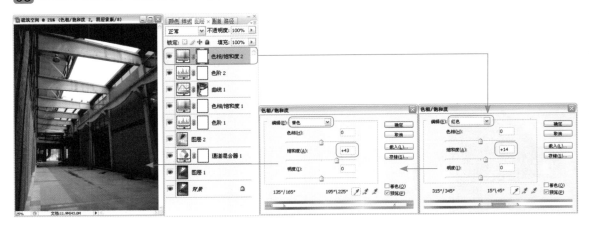

单击图层面板中的"创建新的填充或调整图层"按钮 ◎，，在弹出的菜单中选择"色相/饱和度"命令，打开"色相/饱和度"对话框，在"编辑"下拉列表中选择"红色"，设置"饱和度"的参数为 +14，然后在"编辑"下拉列表中选择"青色"，设置"饱和度"的参数为 +43，完成后单击"确定"按钮，将照片的饱和度提高。

> **Tip** 按下快捷键 Ctrl+U，在弹出的"色相/饱和度"对话框中设置各项参数，完成后单击"确定"按钮。

Step 09 调整图层混合模式

01 按下快捷键 Ctrl + Alt + Shift + E 盖印图层，得到"图层 3"图层。

02 设置图层面板上方的图层混合模式为"正片叠底"，"不透明度"为 20%，画面的明暗对比更加明显。

> **Tip** "正片叠底"混合后图像呈现较暗的颜色。需要注意的是任何颜色和黑色混合产生黑色，和白色混合颜色保持不变。

Step 10 设置纤维效果

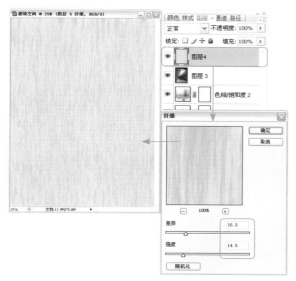

01 单击图层面板下方的"创建新图层"按钮 ⊐，得到新建图层"图层 4"。

02 设置前景色为 R232、G220、B142，背景色为 R215、G175、B66，执行"滤镜 > 渲染 > 纤维"命令，打开"纤维"对话框，在对话框中设置"差异"的参数为 16.0，"强度"的参数为 14.0，单击"确定"按钮，画面中出现纤维质感。

> **Tip** "纤维"滤镜是使用前景色和背景色创建类似纤维材质的效果。

03 选择"图层 4",将图层面板上方的图层混合模式设置为"正片叠底","不透明度"设置为 53%,照片就有了纤维效果。

Tip 利用"正片叠底"模式以图层的暗调为基准,叠加背景图层,加深了图像的暗部,同时也保持了原图层的特征。在照片的处理中大多用于表现照片的阴影效果和明暗层次。

04 选择"图层 4"图层,单击图层面板下方的"添加图层蒙版"按钮□,为"图层 4"添加一个图层蒙版,单击画笔工具 ∠,设置前景色为黑色,设置画笔为"喷枪柔边圆形 50","不透明度"为 20%,将画面中的天空部分用画笔涂抹。照片的纤维效果更加自然。

Tip 纤维效果更适合在暗部表现,亮部可适当的出现,这样画面才更有真实感。

Step 11 添加纤维细节部分

01 单击图层面板下方的"创建新图层"按钮 ☑,得到新建图层"图层 5"。

02 单击单列选框工具 ⅰ,绘制一个选框,将其填充为黑色,按下快捷键 Ctrl+D 取消选区。

Tip 选取的方式有很多种,也可使用多边形套索工具 ☑ 进行框选。

03 选择"图层5"，设置图层面板上方的图层混合模式为"柔光"，"不透明度"为31%，纤维的细节部分比较自然了。

| Think |

图层的不透明度用来调整当前图层在图像上的显示程度。在叠加照片的时候，调整不透明度的效果尤其明显。一般调整上层图像的不透明度，可以不同程度地显示下层的图像。

在照片的处理中"柔光"模式大多用于两张或多张照片叠加，表现镜像、折射等效果。

04 将"图层5"图层拖移至"创建新图层"按钮 □ 上，复制"图层5"，得到"图层5副本"图层。

05 单击移动工具 ，将"图层5副本"移动至右边。至此，本照片调整完成。

| Think |

竖条纹的加入让纤维效果显得深浅有致，这样才会有更加自然的效果。

After

Before

幽静的低矮平房

技术要点 | ▲ 调出画面纵深感
▲ 调整地面与天空层次
▲ 调整画面色调

素材：Reader\chapter11\media\幽静的低矮平房.jpg

最终效果：Reader\chapter11\complete\幽静的低矮平房.psd

拍摄

　　该照片是在一排平房附近拍摄的，才下过雨，光线很弱，地面还有积水，天空比较灰暗，在后期的调整中需要将前后层次区分开，配合构图延伸的感觉，再加上一个统一为色调，为照片增加气氛。

调整

Step 01 复制背景图层

🔟 执行"文件 > 打开"命令，在弹出的对话框中选择本书配套光盘中的 Reader\chapter11\media\幽静的低矮平房.jpg 文件，再单击"打开"按钮，打开素材。

🔟 单击背景图层，按下快捷键 Ctrl+J 复制图层，得到"图层 1"。

> **Tip** 在操作窗口的空白处双击，或者按下快捷键 Ctrl+O，都可以弹出"打开"对话框。

Step 02 调整整体色彩

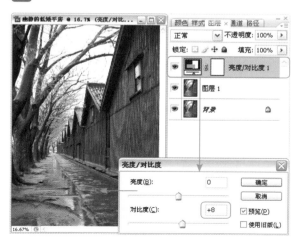

单击图层面板中的"创建新的填充或调整图层"按钮 **⊘.**，在弹出的菜单中选择"亮度 / 对比度"命令，打开"亮度 / 对比度"对话框，在"亮度 / 对比度"对话框中设置"对比度"的参数为 +8，单击"确定"按钮，画面整体的对比度加强。

> **Tip** 按下快捷键 Ctrl+ "＋"可以放大视图，按下快捷键 Ctrl+ "－"可以缩小视图，有利于查看绘制效果。

Step 03 使用色阶调整层次感

01 单击图层面板中的"创建新的填充或调整图层"按钮 ，在弹出的菜单中选择"色阶"命令，打开"色阶"对话框，在"色阶"对话框中设置"输入色阶"的参数为8、1.00、240，单击"确定"按钮，画面的层次更加清晰。

> **Tip** 在"色阶"对话框中，右下方有三个吸管，分别代表设置黑场、灰点和白场。可以用它们分别在图像中相对应的暗部、灰部和亮部进行吸取，快速调整图像的色调。也可以直接拖动黑、灰、白滑块，对图像色阶进行调节。

02 选择"色阶1"调整图层的图层蒙版，单击画笔工具 ，设置画笔颜色为黑色，设置画笔为"喷枪柔边圆形200"，在天空部分涂抹。

> **Tip** 前一步操作是在图层蒙版状态下进行的，单击图层的缩览图切换到图层的编辑状态。
>
> 双击填充或调整图层缩览图，可以在弹出的对话框中对各项参数值重新进行设置。

Step 04 调整整体色调

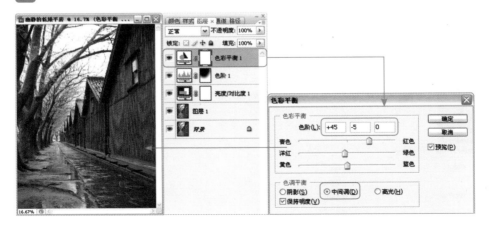

单击图层面板中的"创建新的填充或调整图层"按钮，在弹出的菜单中选择"色彩平衡"命令，打开"色彩平衡"对话框，勾选"中间调"选项，设置"色阶"的参数为 +45、−5、0，单击"确定"按钮，将画面调整成红色调。

Step 05 使用色阶加深暗部

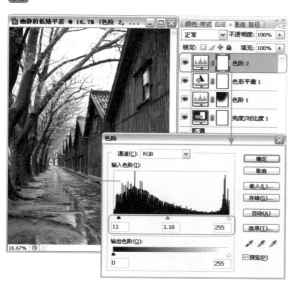

单击图层面板中的"创建新的填充或调整图层"按钮，在弹出的菜单中选择"色阶"命令，打开"色阶"对话框，在"色阶"对话框中设置"输入色阶"的参数为 11、1.18、255，单击"确定"按钮，画面的层次更加清晰。

> **Tip** "色阶"对话框中的垂直轴表示整个图像或者选定区域的色阶分布，表示拥有色阶的像素的个数，水平轴表示色阶值，范围为 0~255。

Step 06 减淡/加深局部

01 按下快捷键 Ctrl+Alt+Shift+E 盖印图层，得到"图层 2"。

02 单击减淡工具，画笔设置为"喷枪柔边圆形100"，"不透明度"为 50%，"流量"为 80%，在画面中的地面部分涂抹，然后单击加深工具，画笔设置为"喷枪柔边圆形 150"，"不透明度"为 50%，"流量"为 70%，在画面中的天空部分涂抹。画面中的前后关系更加明显。

| Think |

加深天空部分会给人一种后退的感觉，而提亮地面部分会给人靠近的感觉。照片的调整，也遵循了很多绘画的原理。

Step 07 加深边缘部分

01 按下快捷键 Ctrl+Alt+Shift+E 盖印图层，得到"图层3"。

02 单击加深工具 ◎，画笔设置为"喷枪柔边圆形200"，"不透明度"为 50%，"流量"为 50%，在画面中的边缘部分涂抹，画面四周变暗。

| Think |

将照片四周调暗可以把人们的视线聚拢，这种形式在非主流的照片中比较常见。

Step 08 径向模糊局部

01 同样的方式，按下快捷键 Ctrl+Alt+Shift+E 盖印图层，得到"图层 4"。

Tip 新建一个图层，方便与之前的效果做比较。

02 单击套索工具 ◎，将画面的中间部分框选，执行"选择 > 修改 > 羽化"命令，打开"羽化"对话框，在弹出的对话框中设置"羽化半径"为 30 像素，单击"确定"按钮。

03 执行"滤镜 > 模糊 > 径向模糊"命令，打开"径向模糊"对话框，在弹出的对话框中设置"数量"的参数为 4，选择"缩放"选项，单击"确定"按钮，按下快捷键 Ctrl+D 将选区取消，画面出现径向模糊。

| Think |

按照近实远虚的规律，将画面中较远的部分调整为模糊，使画面更加立体，视觉上有纵深感。

Step 09 使用曲线调整地面亮度

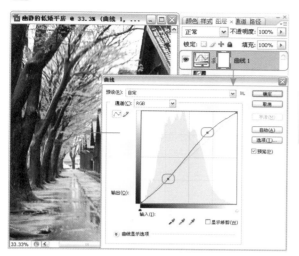

01 下面对图像中地面的亮度进行调整，单击图层面板中的"创建新的填充或调整图层"按钮 ，在弹出的菜单中选择"曲线"命令，打开"曲线"对话框，按住曲线并向上拖动光标，单击"确定"按钮。经过调整将整个画面的亮度增强。

> **Tip** 在"曲线"对话框中，按住 Ctrl 键的同时在图像上单击，曲线上出现相应的节点，拖动节点即可调整图像的局部。

02 选择"曲线 1"调整图层的图层蒙版，单击画笔工具 ，设置画笔颜色为黑色，设置画笔为"喷枪柔边圆形 300"，在地面以外的部分涂抹。至此，本照片调整完成。

> **Tip** 在使用画笔涂抹的过程中，注意调整画笔大小和不透明度，以达到自然的效果。按下快捷键 Ctrl+Shift+Z 可以在历史记录中向后或向前切换。

After

Before

水乡

技术要点 ▲ 调出暗部细节
▲ 图像合成
▲ 调整水面色彩

素材：Reader\chapter11\media\水乡.psd、白云.jpg
最终效果：Reader\chapter11\complete\水乡.psd

拍摄

本例照片是在一个午后拍摄的，采用标准的构图方式，使得画面有平衡感，将江南水乡宁静的美感表现出来。由于没有使用闪光灯，散射的光线使左边房屋偏暗，看不到细节。后期的处理中会解决这一遗憾。

调整

Step 01 复制背景图层

执行"文件 > 打开"命令，打开本书配套光盘中的 Reader\chapter11\media \ 水乡 .psd 文件"。将"背景"图层拖移至"创建新图层"按钮 上，复制"背景"图层，得到"背景 副本"图层。

Tip 在 Photoshop 中，想更加清晰的查看画面效果，可按下 Tab 键关闭工具箱和所有面板，当再次按下 Tab 键，可重新显示工具箱和浮动面板。

Step 02 调整亮度/对比度

01 单击图层面板中的"创建新的填充或调整图层"按钮 ，在弹出的菜单中选择"亮度 / 对比度"命令，打开"亮度 / 对比度"对话框，在"亮度 / 对比度"对话框中设置"亮度"的参数为 +18，单击"确定"按钮，画面的整体亮度提高。

Tip 也可通过"色阶"命令，拖动白色滑块将画面的亮度提高。

02 单击"亮度 / 对比度 1"调整图层下的图层蒙版，单击画笔工具 ，设置前景色为黑色，设置画笔为"喷枪柔边圆形 300"，用画笔在河水部分涂抹。

| Think |

由于进行了"亮度 / 对比度"调整，河水部分过亮，破坏了画面的质量，需要用蒙版将其擦除。

Step 03 调整色阶

01 单击图层面板中的"创建新的填充或调整图层"按钮 ，在弹出的菜单中选择"色阶"命令，打开"色阶"对话框，设置 RGB 通道的"输入色阶"参数为 0、2.49、255，完成后单击"确定"按钮，照片调亮。

> **Tip** "色阶"对话框中的"通道"表示选择需要调整的颜色通道。

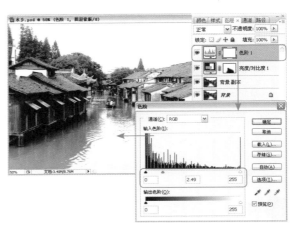

02 选择"色阶 1"调整图层的图层蒙版，单击画笔工具 ，设置前景色为黑色，设置画笔为"柔角 200 像素"，将照片中房屋以外的部分用画笔涂抹。

> **| Think |**
>
> 画面中的暗部也是画面中的重要部分，细节的调整可以提高画面质量。

Step 04 调整色相/饱和度

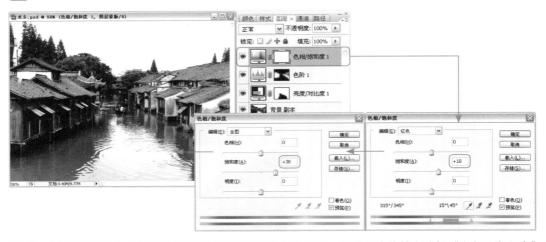

01 单击图层面板中的"创建新的填充或调整图层"按钮 ，在弹出的菜单中选择"色相 / 饱和度"命令，打开"色相 / 饱和度"对话框，选择"编辑"下拉列表中的"红色"，设置"饱和度"为 +18，然后选择"编辑"下拉列表中的"全图"，设置"饱和度"为 +38，单击"确定"按钮。

02 选择"色相/饱和度1"调整图层的图层蒙版,单击画笔工具 ✐,设置前景色为黑色,设置画笔为"柔角150像素",在水面较深的部分涂抹。

> **Tip** 按住 Ctrl 键单击"创建图层蒙版"按钮,即可创建矢量蒙版。

Step 05 调整对比度

01 单击图层面板中的"创建新的填充或调整图层"按钮 ◑,在弹出的菜单中选择"曲线"命令,打开"曲线"对话框,在"曲线"对话框中将两个控制点分别向反方向移动,单击"确定"按钮,整张照片的影调加强。

> **Tip** "曲线"命令可以精确地控制每一个亮度级别的色调变化,是最有效的色调调整工具。

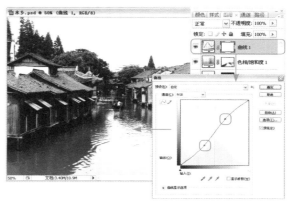

02 单击"曲线1"调整图层下的图层蒙版,单击画笔工具 ✐,设置前景色为黑色,画笔设置为"喷枪柔边圆形200",用画笔在房屋以外的部分涂抹。

> **Tip** 图层蒙版只是作用在当前图层上,每一个图层都可以创建图层蒙版,背景图层在锁定的状态下不能创建图层蒙版。

Step 06 调整整体色调

01 按下快捷键 Ctrl + Alt + Shift + E 盖印图层,得到"图层1"图层。

02 执行"图像 > 调整 > 变化"命令,打开"变化"对话框,在弹出的对话框中单击"较亮"缩览图,完成后单击"确定"按钮,画面调整为较亮的效果。

03 选择"图层 1",单击图层面板下方的"添加图层蒙版"按钮 ⬜,为"图层 1"添加一个图层蒙版,然后单击画笔工具 🖊,设置前景色为黑色,设置画笔为"柔角 100 像素",用画笔在照片的暗部涂抹,显示出原来的暗部细节。

| Think |

　　使用蒙版最大的好处是不会破坏原来的图像,通过蒙版控制图像的显示与隐藏,所以即使操作错了,也不必担心图像被破坏而无法恢复。

Step 07 使用色彩平衡调整颜色

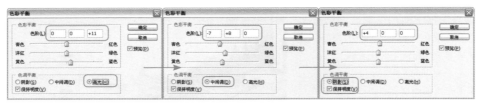

01 执行"图层 > 新建调整图层 > 色彩平衡"命令,在"新建图层"对话框中单击"确定"按钮,打开"色彩平衡"对话框。在对话框中分别选择"高光"、"中间调"与"阴影"选项,并设置其调整参数,单击"确定"按钮,经过调整整个图像的色彩更加鲜艳。

02 单击"色彩平衡 1"调整图层下的图层蒙版,单击画笔工具 🖊,设置前景色为黑色,设置画笔为"喷枪柔边圆形 300",用画笔在河水以外的部分涂抹,保持河水原有的清澈效果。

Tip "色彩平衡"命令中色调调整范围包括了"阴影"、"中间调"和"高光",可以分别进行调整。勾选"保持明度"复选框,可以防止图像的亮度值随颜色的更改而变化。该选项可以保持图像的色调平衡。

调整画面层次感

01 按下快捷键 Ctrl + Alt + Shift + E 盖印图层，得到
"图层 2"图层。

02 单击模糊工具 ，画笔设置为"喷枪柔边圆形
100"，在画面中间部分的树木上涂抹，使画面出现远
近层次感。然后单击加深工具 ，设置画笔为"喷枪
柔边圆形 200"，在天空与树木部分涂抹，使天空更暗。

| **Think** |

将远处的树木调整模糊，使远方的静物虚化，可以
增加画面的层次感。通过对比，也提高了前方景物的清
晰度。

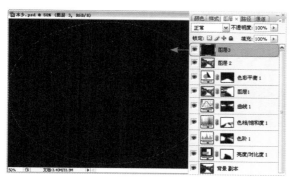

Step
09
局部模糊

01 单击图层面板下方的"创建新图层"按钮 ，得
到"图层 3"，将其填充为黑色。

02 单击椭圆选框工具 ，绘制一个椭圆，设置"羽化"
为 100px。

Tip "羽化"的数值越大，边缘越模糊；反之，"羽化"
的数值越小，边缘越清晰。根据不同的画面需求将其调整。

03 按下 Delete 键将中间部分删除，然后按下快捷键
Ctrl+D 去除蚂蚁线。

04 选择"图层 3"，设置图层面板中的"填充"为
25%，将填充的效果减淡。

| **Think** |

通过蒙版在中间部分涂抹，也会有同样的效果，但
是删除图层的方式呈现的效果更加规范。

Step
10
使用曲线调整水面

01 单击图层面板中的"创建新的填充或调整图层"
按钮 ，在弹出的菜单中选择"曲线"命令，打开"曲
线"对话框，将三个控制点分别向反方向移动，单击
"确定"按钮。

Tip 在"曲线"对话框中，除了直接拖动节点对图像
的色阶进行调整外，还可以在"输入"和"输出"文
本框中输入具体的参数值，对节点进行精确的调整。

第11章 人文景观照片的色彩调整

02 单击"曲线2"调整图层下的图层蒙版，单击画笔工具 ⬚，设置前景色为黑色，设置画笔为"喷枪柔边圆形200"，用画笔在河水以外的部分涂抹，画面中呈现水波的层次感。

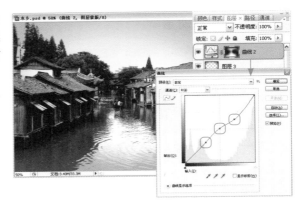

Step 11 使用色阶调整房屋暗部

01 单击图层面板中的"创建新的填充或调整图层"按钮 ⬚，在弹出的菜单中选择"色阶"选项，打开"色阶"对话框，设置 RGB 通道的"输入色阶"参数为 0、2.70、255，完成后单击"确定"按钮，照片亮度提高。

02 单击"色阶2"调整图层下的图层蒙版，单击画笔工具 ⬚，设置前景色为黑色，设置画笔为"柔角200像素"，用画笔在房屋暗部以外的部分涂抹，画面有了细节的点缀。

Tip "色阶"对话框中有 RGB、红、绿、蓝四种通道，勾选"预览"复选框，拖动下方的色阶滑块，在图像中调节最适合的色阶数值。

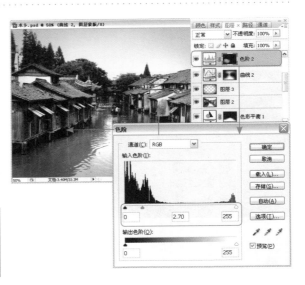

Step 12 使用照片滤镜调整房屋暗部

01 单击图层面板中的"创建新的填充或调整图层"按钮 ⬚，在弹出的菜单中选择"照片滤镜"选项，打开"照片滤镜"对话框，单击"滤镜"选项，在右侧的下拉列表中选择"加温滤镜（85）"，设置"浓度"为 32%，完成后单击"确定"按钮。

02 同样的方式，单击"照片滤镜1"调整图层中的图层蒙版，单击画笔工具 ⬚，设置前景色为黑色，设置画笔为"柔角280像素"，在房屋以外的部分涂抹，使房屋的色调统一。

Step 13 加入素材文件

01 执行"文件 > 打开"命令，打开本书配套光盘中的 Reader\chapter11\media\白云.jpg 文件，得到"图层 4"。

02 选择"图层 4"，设置图层面板上方的图层混合模式为"叠加"，"不透明度"为 77%，"填充"为 89%，照片中的云朵呈现自然的效果。

03 选择"图层 4"，单击图层面板下方的"添加图层蒙版"按钮 ，单击画笔工具 ，设置前景色为黑色，设置画笔为"柔角 100 像素"，在树木的部分涂抹，画面呈现自然的效果。

Step 14 使用色彩平衡调整水面

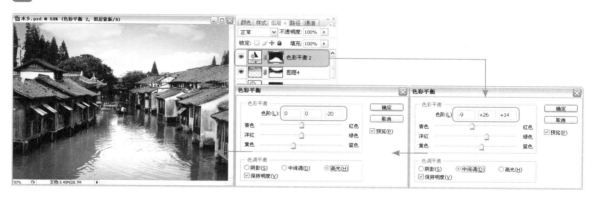

执行"图层 > 新建调整图层 > 色彩平衡"命令，在打开的"新建图层"对话框中单击"确定"按钮，打开"色彩平衡"对话框，在对话框中分别选择"中间调"与"高光"选项，并设置其调整参数，单击"确定"按钮，经过调整整个图像的颜色偏黄绿色调。单击"色彩平衡 2"调整图层中的图层蒙版，单击画笔工具 ，设置前景色为黑色，设置画笔为"柔角 300 像素"，在河水以外部分涂抹。至此，本照片调整完成。

After

铁路边

技术要点 ▲ 调整主色调
▲ 还原自然光源
▲ 锐化画面

素材：Reader\chapter11\media\铁路边.psd、怀旧天空.jpg

最终效果：Reader\chapter11\complete\铁路边.psd

拍摄

坐在回程的火车上，透过车窗看见风景肆意地掠过，闲暇之际随手按下了快门，照片难免会有一些不足。天空的色调过于浑浊，窗外的景物也不够清晰，但由于构图比较完整，也是一种回程心情的记录，可以通过后期调整，制作出一种特有的意境。照片整体对比度加强的基础上，再加入黄绿色调，表现一种怀旧气息。

调整

Step 01 调整图层混合模式

01 执行"文件 > 打开"命令，打开本书配套光盘中的 Reader\chapter11\media\ 铁路边 .psd 文件，单击背景图层，按下快捷键 Ctrl+J 复制图层，得到"图层 1"。

02 将图层面板中的图层混合模式设置为"正片叠底"，不透明度为 100%。

> **Tip** "正片叠底"模式表示混合后效果色呈现较暗的颜色，注意任何颜色和黑色混合产生黑色，和白色混合则保持不变。

Step 02 使用曲线调整光线

单击图层面板中的"添加图层蒙版"按钮 ，转换为蒙版状态，使用较软的黑色画笔，将不需要加深影调的部分擦除掉，这样调整出的照片更有层次感。

| Think |

我们在学习 Photoshop 中，不应该死记硬背，而是在学习的基础上真正理解这些操作步骤的意图，具体的参数只能作为一个参照，在实际调整当中，还是要具体问题具体分析。

Step 03 应用图像的设置

01 按下快捷键 Ctrl+Alt+Shift+E 盖印图层，得到"图层 2"图层。

02 单击"图层 2"图层，执行"图像 > 应用图像"命令，设置"蓝"通道的混合模式为"正片叠底"，不透明度为 100%；设置"绿"通道的混合模式为"正片叠底"，不透明度为 30%；设置"红"通道的混合模式为"正片叠底"，不透明度为 100%，完成后单击"确定"按钮，照片大体色调呈现出来了。

> **Tip** "应用图像"命令可以根据调色的需要，在"通道"下拉列表中选择合适的颜色通道。

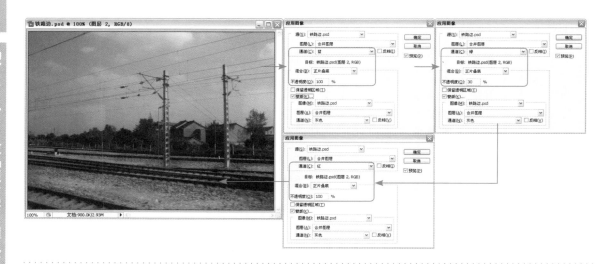

Step 04 使用亮度/对比度调整局部

01 单击图层面板中的"创建新的填充或调整图层"按钮 ，在弹出的菜单中选择"亮度/对比度"命令，打开"亮度/对比度"对话框，设置"亮度"的参数为 +45，"对比度"的参数为－4，完成后单击"确定"按钮，将画面的亮度提高。

| Think |

在调整的过程中，建议慎用亮度/对比度调整，"亮度"常常带来更灰的感觉，并且"对比度"也常失衡。这里是因为整张照片都比较灰暗，所以使用亮度/对比度调整。

02 单击工具箱中的画笔工具 ，使用较软的黑色画笔，将天空以外不需要提高亮度的部分涂抹掉，再将图层面板中的图层混合模式设置为"柔光"。

| Think |

在调整影调的时候，也应该遵循一定的透视原理。以地平线为准，将画面分为上下两个部分，可以将天空部分处理得比较明亮，地面部分处理得比较灰暗，这样会使画面充满立体感。

使用色彩平衡调整画面

单击图层面板中的"创建新的填充或调整图层"按钮 ⊘.，在弹出的菜单中选择"色彩平衡"命令，打开"色彩平衡"对话框，设置"阴影"部分的色阶参数为 -25、+13、-26；"中间调"部分的色阶参数为 +36、-4、+19；"高光"部分的色阶参数为 +18、-7、-38，完成后单击"确定"按钮，将画面的亮度提高。

| Think |

色阶参数的设置并不绝对，要根据照片的具体情况进行调整。

使用色阶调整提亮地面

01 单击图层面板中的"创建新的填充或调整图层"按钮 ⊘.，在弹出的菜单中选择"色阶"命令，弹出"色阶"对话框，设置 RGB 通道的色阶参数为 11、1.38、255；红通道的色阶参数为 11、1.24、214；绿通道的色阶参数为 0、0.90、221；蓝通道的色阶参数为 0、0.85、199，完成后单击"确定"按钮。

02 单击工具箱中的画笔工具 ✐.，使用较软的黑色画笔，将天空部分涂抹掉。

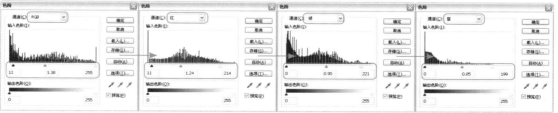

第11章 人文景观照片的色彩调整

247

Step 07 使用曲线提亮画面

单击图层面板中的"创建新的填充或调整图层"按钮 ，在弹出的菜单中选择"曲线"命令，打开"曲线"对话框，将控制点向上方移动，提亮整个画面，完成后单击"确定"按钮。

Tip 当移动曲线的某个控制点的时候，要按垂直的方向上下移动，这样才能做到更加准确。因为曲线上的任意一个点都对应一个色阶的影调。

Step 08 锐化图像

01 按下快捷键 Ctrl＋Alt＋Shift＋E 盖印图层，得到"图层 3"图层。

02 执行"滤镜 > 锐化 >USM 锐化"命令，打开"USM 锐化"对话框，设置"数量"为 40%，"半径"为 0.6 像素，"阈值"为 0 色阶，完成后单击"确定"按钮。

Tip "USM 锐化"滤镜指的是锐化图像边缘，使图像具有清晰的轮廓。其效果与模糊滤镜组的效果正好相反。

Step 09 柔化天空部分

01 按下快捷键 Ctrl＋Alt＋Shift＋E 盖印图层，得到"图层 4"图层，将图层面板中的图层混合模式设置为"柔光"。

02 单击图层面板中的"添加图层蒙版"按钮 ，转换为蒙版状态，使用较软的黑色画笔，将天空以外的部分擦除掉，天空的柔和感觉就显现出来了。至此，本照片调整完成。